"十二五"职业教育国家规划教材
经全国职业教育教材审定委员会审定

全国测绘地理信息职业教育教学指导委员会
"十二五"工学结合规划教材

工程测量技能实训指导书

Training Guide for Engineering Survey

(第二版)

李聚方 主编

测绘出版社
·北京·

内容简介

本书是全国测绘地理信息职业教育教学指导委员会"十二五"工学结合规划教材,是《工程测量》教材的配套用书。该书依据教材所涵盖的技能要求而编写,主要内容包含三部分:实训总则、单项技能训练和综合技能训练。

本书在编写过程中,注重了技能训练由简单到复杂、由理论到实践,最终完成一项系统而复杂工程项目的认知规律;同时,为培养学生规范使用仪器设备、精益求精的工作态度,最终使学生成长为一个项目负责人或工程师,本书增加了测量仪器工具的借领与使用规则、测量记录与计算规则、测量任务书的编写、测量技术总结的编写等内容。

本书可作为高职高专工程测量技术专业等测绘类相关专业在校、函授、成人教育以及企业在职人员培训的教材,对从事各种测绘工作的教学、科研和生产人员来说,本书也是一本必备的工具书。

图书在版编目(CIP)数据

工程测量技能实训指导书 / 李聚方主编. -- 2 版
. -- 北京:测绘出版社,2015.11 (2024.12 重印)
全国测绘地理信息职业教育教学指导委员会"十二五"
工学结合规划教材 "十二五"职业教育国家规划教材
ISBN 978-7-5030-3822-8

Ⅰ. ①工… Ⅱ. ①李… Ⅲ. ①工程测量—高等职业教育—教学参考资料 Ⅳ. ①TB22

中国版本图书馆 CIP 数据核字(2015)第 242819 号

工程测量技能实训指导书
GONGCHENG CELIANG JINENG SHIXUN ZHIDAOSHU

责任编辑 田 力　**封面设计** 李 伟　**责任校对** 董玉珍　**责任印制** 陈姝颖

出版发行	测绘出版社	**电　话**	010—68580735(发行部)
地　址	北京市西城区三里河路 50 号		010—68531363(编辑部)
邮政编码	100045	**网　址**	https://chs.sinomaps.com
电子邮箱	smp@sinomaps.com	**经　销**	新华书店
成品规格	184mm×260mm	**印　刷**	建工社(河北)印刷有限公司
印　张	8.5	**字　数**	205 千字
版　次	2015 年 11 月第 2 版　2013 年 9 月第 1 版	**印　次**	2024 年 12 月第 6 次印刷
印　数	10501—10800	**定　价**	20.00 元

书　号 ISBN 978-7-5030-3822-8
本书如有印装质量问题,请与我社发行部联系调换。

全国测绘地理信息职业教育教学指导委员会
“十二五”工学结合规划教材

编委会名单

前 言

为了更好地配合高等职业教育测绘类专业的教学改革，开展工学结合教学资源的开发，为高职高专测绘类专业高端技能型人才培养提供优质教材支持，提高测绘类专业人才培养质量，全国测绘地理信息职业教育教学指导委员会组织编写了“十二五”工学结合规划教材，本书是其中之一。经全国职业教育教材审定委员会审定，本书入选第一批“十二五”职业教育国家规划教材。

《教育部关于推进中等和高等职业教育协调发展的指导意见》指出：坚持以能力为核心，推进评价模式改革。以能力为核心，以职业资格标准为纽带，促进中等和高等职业教育人才培养质量评价标准和评价主体有效衔接。推行“双证书”制度，积极组织和参与技能竞赛活动，探索中职与高职学生技能水平评价的互通互认；吸收行业、企业、研究机构和其他社会组织共同参与人才培养质量评价，将毕业生就业率、就业质量、创业成效等作为衡量人才培养质量的重要指标，形成相互衔接的多元评价机制。本书正是在这一背景下，由黄河水利职业技术学院李聚方和黄飒以及测绘企业专家共同撰写的。

本书共包括三部分内容，即实训总则、单项技能训练和综合技能训练。共涉及 22 个单项技能训练和 4 个综合技能实训。

本书由黄河水利职业技术学院李聚方统筹安排并编写综合技能训练部分，黄飒编写实测总则和单项技能训练部分，山东省菏泽市建设工程勘察院任仰庆负责审核。同时感谢黄河水利职业技术学院孙清娟、王靖和李孝雁的大力支持。

由于作者水平有限，时间仓促，本书在编写过程中仍有纰漏乃至错误之处，如有建议或需电子教案可发邮件至 lijufang063624@sina. com，我们将及时给予回复，并将建议反映在再版教材中。

目　录

实训总则

一、测量实训规定

(1)在实训之前,必须复习教材中的有关内容,认真仔细地预习本书相关内容,明确目的,了解任务,熟悉实训步骤或过程,注意有关事项,并准备好所需文具用品。

(2)实训分小组进行,组长负责组织协调工作,办理所用仪器工具的借领和归还手续。

(3)实训应在规定的时间进行,不得无故缺席或迟到早退;应在指定的场地进行,不得擅自改变地点或离开现场。

(4)必须遵守本书列出的“测量仪器工具的借领与使用规则”和“测量记录与计算规则”。

(5)服从教师的指导,严格按照本书的要求认真、按时、独立地完成任务。每项实训都应取得合格的成果,提交书写工整、规范的实训报告或实训记录,经指导教师审阅同意后,才可交还仪器工具,结束工作。

(6)应遵守纪律,爱护现场的花草、树木和农作物,爱护周围的各种公共设施,任意砍折、踩踏或损坏应予赔偿。

二、测量仪器工具的借领与使用规则

测量仪器是精密贵重仪器,爱护仪器是学生应有的责任。如有遗失、损坏,不仅财产受到损失,而且对工作也造成极大的影响。每个人应养成爱护仪器的好习惯。使用仪器时应注意下列事项。

(一)仪器工具的借领

(1)实训时凭学生证到测量仪器室办理借领手续,以小组为单位领取仪器工具。每次实训借用仪器设备时,应按实训指导的规定或指导教师的要求进行,并应遵守测量仪器室的规定。

(2)测量仪器室每次均根据实训的任务,按组配备,填好仪器的借用单,将仪器排列在发放台上。各组组长对照仪器的借用单清点仪器及附件等,若无问题,由组长在借用单上签名,并将借用单交还仪器管理人员后,方可将仪器借出测量仪器室。

(3)借领时应当场清点检查:实物与清单是否相符;仪器工具及其附件是否齐全;背带及提手是否牢固;脚架是否完好等。如有缺损,可以补领或更换。

(4)初次接触仪器,应先由指导教师进行操作、讲解后,再架设仪器进行操作,以免弄坏仪器。

(5)离开借领地点之前,必须锁好仪器并捆扎好各种工具。搬运仪器工具时,必须轻取轻放,避免剧烈震动。

(6)测量仪器属贵重仪器,借出的仪器必须有专人保管。借出仪器工具之后,不得擅自与其他小组调换或转借。

(7)实训结束,应及时收装仪器工具,送还借领处检查验收,办理归还手续。如有遗失或损坏,应写出书面报告说明情况,并按有关规定赔偿。

(二)仪器的安置

(1)在三脚架安置稳妥之后,方可打开仪器箱。开箱前应将仪器箱放在平稳处,严禁托在手上或抱在怀里。

(2)打开仪器箱时,应将箱子平放后再打开。打开箱盖后,应注意观察仪器及附件在箱中安放的位置,以便用完后将各部件正确地放回原处。

(3)提取仪器之前,应先松开制动螺旋,再用双手握住支架或基座,轻轻取出仪器放在三脚架上,保持一手握住仪器,一手拧连接螺旋,最后旋紧连接螺旋,使仪器与脚架连接牢固。

(4)装好仪器之后,注意随即关闭仪器箱盖,防止灰尘和湿气进入箱内。严禁坐在仪器箱上。

(三)仪器的使用

(1)领取仪器时应检查箱盖是否锁好,提手或背带是否牢固。

(2)仪器从箱中取出后必须立即将箱盖关好,以防止灰尘进入或零件丢失。箱子应放在仪器附近,不要坐在箱子上。

(3)仪器置于三脚架上后,应立即将连接螺旋旋紧,但不要过紧,以免损坏螺旋,也不要过松,以免仪器脱落。

(4)仪器镜头如有灰尘可用箱内的毛刷或镜头纸擦拭;仪器如有故障,不许自行拆卸,应立即请示指导老师进行处理。

(5)使用仪器时,必须先旋松制动螺旋,未松开时,不可强行扭转。各处的制动螺旋不可拧得过紧。微动螺旋不可旋到尽头。拨动校正螺钉时,必须小心,先松后紧,松紧适度。

(6)仪器安置之后,不论是否操作,必须有人看护,防止无关人员搬弄或行人、车辆碰撞。烈日下必须打遮阳伞,以免影响仪器的测量精度。

(7)必须爱护各类仪器及工具,在使用过程中尽量避免意外发生。不得用水准尺、花杆抬东西。

(四)仪器的迁站

(1)在行走不便的地区迁站或远距离迁站时,必须将仪器装箱之后再迁站。

(2)短距离迁站时,可将仪器连同脚架一起迁站。其方法是:搬动仪器时须松动制动螺旋,三脚架与仪器的连接螺旋应旋紧,仪器最好直立抱持或将三脚架夹在腋下,左手托仪器向上倾斜,稳步行走,绝对禁止横扛仪器于肩上。

(3)迁站时,小组其他人员应协助观测员带走仪器箱和有关工具。

(五)仪器的装箱

(1)每次使用仪器之后,应及时清除仪器上的灰尘及脚架上的泥土。

(2)仪器拆卸时,应先将仪器脚螺旋调至大致同高的位置,再一手扶住仪器,一手松开连接螺旋,双手取下仪器。

(3)仪器装箱时,应先松开各制动螺旋,使仪器就位正确,试关箱盖确认放妥后,再拧紧制动螺旋,然后关箱上锁。箱盖若不能关闭时应查看原因,切不可强压箱盖,以防压坏仪器。

(4)实训结束后,应清点所有工具和附件,特别注意清点零星物品,防止遗失。

(六)测量工具的使用

(1)钢尺的使用:应防止扭曲、打结和折断,防止行人踩踏或车辆碾压,尽量避免尺身着水。携尺前进时,应将尺身提起,不得沿地面拖行,以防损坏刻划。用完钢尺应擦净、涂油,以防生锈。

(2)皮尺的使用:应均匀用力拉伸,避免着水、车压。如果皮尺受潮,应及时晾干。

(3)各种标尺、花杆的使用:应注意防水、防潮,防止受横向压力,不能磨损尺面刻划的漆皮,不用时安放稳妥。塔尺的使用,还应注意接口处的正确连接,用后及时收尺。

(4)测图板的使用:应注意保护板面,不得乱写乱扎,不能施以重压。

(5)小件工具如垂球、测钎、尺垫等的使用:应用完即收,防止遗失。

(6)一切测量工具都应保持清洁,专人保管搬运,不能随意放置,更不能作为捆扎、抬、担的它用工具。

三、测量记录与计算原则

测量记录是外业观测成果的记载和内业数据处理的依据。在测量记录与计算时必须严肃认真,一丝不苟,严格遵守下列原则:

(1)在测量记录之前,准备好硬芯(2H 或 3H)铅笔,同时熟悉记录表上各项内容及填写、计算方法。

(2)记录观测数据之前,应将记录表头的仪器型号、日期、天气、测站、观测者及记录者姓名等无一遗漏地填写齐全。记录表格上规定的内容及项目必须填写,不得空白。

(3)实训记录须填在规定的表格内,随测随记,不得转抄。记录者应"回报"读数以资检核,防止听错、记错。

(4)记录时要求字体端正清晰,数位对齐,数字对齐。字体的大小一般占格宽的 1/2~1/3,字脚靠近底线,以便留出空隙更改错误;表示精度或占位的"0"(例如水准尺读数 1.500 或 0.234,度盘读数 93°04′00″)均不可省略。

(5)观测数据的尾数不得更改,读错或记错后必须重测重记。例如:角度测量时,秒级数字出错,应重测该测回;水准测量时,毫米级数字出错,应重测该测站;钢尺量距时,毫米级数字出错,应重测该尺段。

(6)观测数据的前几位若出错时,应用细横线划去错误的数字,并在原数字上方写出正确的数字。注意不得涂擦已记录的数据。禁止连环更改数字,例如:水准测量中的黑、红面读数,角度测量中的盘左、盘右,距离丈量中的往、返量等,均不能同时更改,否则重测。

(7)记录数据修改后或观测成果废去后,都应在备注栏内写明原因(如测错、记错或超限等)。

(8)每站观测结束后,必须在现场完成规定的计算和检核,确认无误后方可迁站。

(9)观测数据应表现其精度及真实性,如水准尺读数读至毫米,则应记为 1.530 m,不能记成 1.53 m。

(10)数据运算应根据所取位数,按"4 舍 6 入,5 前奇进偶舍"的规则进行凑整。例如对 1.424 4 m,1.423 6 m,1.423 5 m,1.424 5 m 这几个数据,若取至毫米位,则均应记为 1.424 m。

(11)所有的观测记录手簿均不准另行誊抄。

(12)应该保持测量记录的整洁,严禁在记录表上书写无关内容,更不得丢失记录表。

(13)记录时要严格要求自己,培养良好的作业习惯,严格遵守作业规定,否则全部成果作废,另行重测。

第一部分　单项技能训练

实训一　土地平整与土方量量算

一、任务与场地

(一)任务

1. 在地形图上进行土地平整与土方计算

(1)欲将图 1-1 整平为一水平场地,试绘出其高程线,要求填、挖土石方量基本平衡。

(2)计算填、挖土石方量。

(3)每人分别计算两次。

2. 实地土地平整与土方计算

(1)在地形测量实训场现场标定土地平整土地范围线。

(2)测量各方格网点高程、计算设计高程。

(3)现场标定开挖分界线、并计算土方量。

(二)场地

地形测量实训场。

二、仪器设备与已知数据

(一)在地形图上进行土地平整与土方计算

(1)实训室:工程测量实训室。

(2)每人最小刻度为毫米的刻度尺 1 把,计算器 1 个,计算用纸若干张。

(3)地形图的比例尺为 1∶1 000,如图 1-1 所示。

(二)实地土地平整与土方计算

(1)实训室:工程测量实训室。

(2)每组水准仪(S3 型)1 台、钢尺 1 盘。

(3)每组木桩 50 根、斧头 1 把、灰斗 1 个、记录夹 1 个。

三、目的

(1)学会应用设计等高线法进行场地平整。

(2)学会计算填、挖土石方量。

四、要点及流程

(一)要点

插绘高程线时尽量准确。

(二)流程

(1)绘制方格网。

(2)计算设计高程。

(3)绘制填、挖边界线。

(4)计算填、挖高度。

(5)计算填、挖土石方量。

土方计算用地形图如图 1-1 所示。

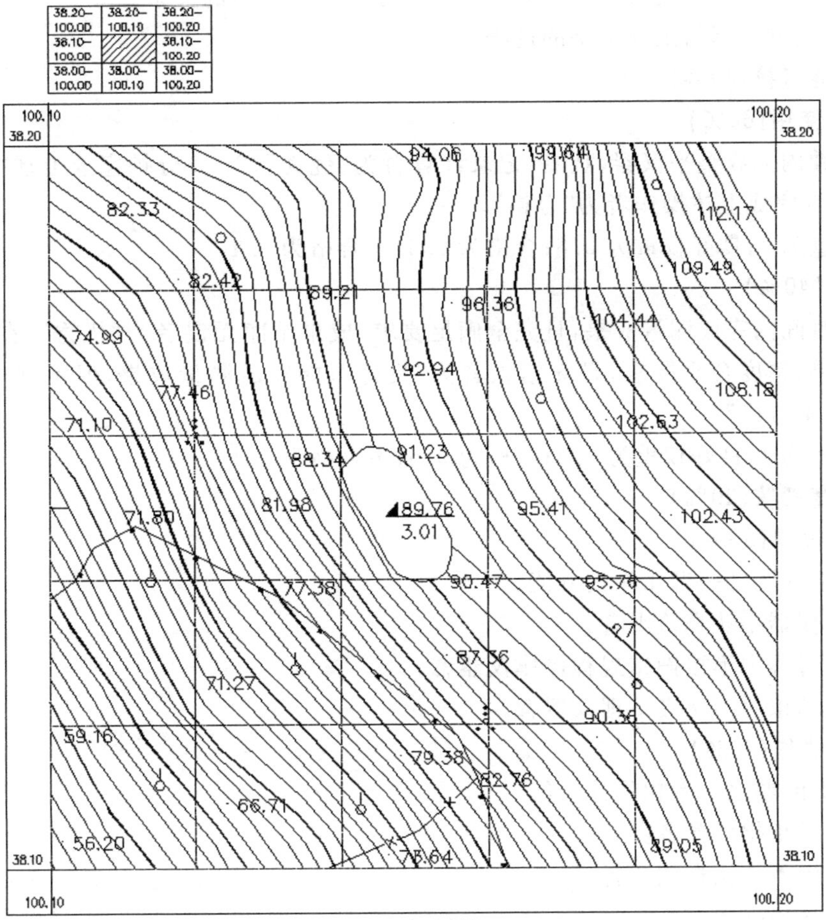

1∶1000

图 1-1　土方计算用地形图

五、技术要求

(1)依据规范:GB 50026—2007《工程测量规范》。

(2)两次计算的土方量较差小于 5%。

六、计算与检核数据

(1)第一次计算的设计高程为________ m,应填的土方量为________方,应挖的土方量为________方。

(2)第二次计算的设计高程为________m,应填的土方量为________方,应挖的土方量为________方。

(3)两次计算的填、挖土方量较差为________%。

七、项目考核

(一)知识考核(40%)

(1)土方计算与地形图比例尺大小的关系是什么?

(2)简述土方计算精度与方格网大小以及与地形图等高距的关系。

(3)简述土方计算与土地平整的过程。

(二)技能考核(40%)

1. 仪器使用(60%)

在2分钟内完成整平仪器、观测、记录计算者为“优秀”;2～3分钟完成上述操作者为“良好”;3～5分钟完成上述操作者为“合格”。

优秀权重为1;良好权重为0.8;合格为0.6;不合格为0.4。

2. 成果(40%)

在规定时间内完成测量成果,且完全满足要求,成果干净无误者为“优秀”;在规定时间内完成测量成果,精度合乎要求,且无错误者为“良好”;能完成测量成果,但不够规范者为“合格”;其余为“不合格”。

优秀权重为1;良好权重为0.8;合格为0.6;不合格为0.4。

(三)态度考核(20%)

1. 爱护仪器(30%)

发生以下问题之一者扣除其分值。

(1)领取仪器不认真检查者。

(2)测量过程中不按操作规程操作仪器者。

(3)测量结束后不认真整理仪器者。

2. 团队协作(20%)

发生以下问题之一者扣除其分值。

(1)不主动承担任务者。

(2)工作中不能认真配合者。

(3)不服从指挥者。

3. 职业道德(50%)

发生以下问题之一者扣除其分值。

(1)篡改测量数据者。

(2)记录不规范者。

八、上交资料

实训结束后将土地平整与土方量量算表(见表1-1、表1-2)及测量实训报告以小组为单位装订成册上交,测量实训报告见下页。

测量实训报告(实训一)

姓名__________　学号________　班级________　指导教师__________　日期__________

[实训名称]

[目的与要求]

[仪器和工具]

[主要步骤]

[数据处理]

1. 第一次计算的设计高程为________ m,应填的土方量为________方,应挖的土方量为________方。

2. 第二次计算的设计高程为________ m,应填的土方量为________方,应挖的土方量为________方。

3. 两次计算的填、挖土方量较差为________%。

[体会及建议]

[教师评语]

表 1-1　土地平整与土方量量算表

班级__________ 姓名__________ 日期__________ 成绩__________

设计面为水平面的土地平整

点号	挖深 /m	所占面积 /m^2	挖方量 /m^3	点号	填高 /m	所占面积 /m^2	填方量 /m^3
$\sum$				$\sum$			

表 1-2　土地平整与土方量量算表

班级________　姓名________　日期________　成绩________

设计面为具有一定匀坡坡度的土地平整

点号	挖深 /m	所占面积 /m^2	挖方量 /m^3	点号	填高 /m	所占面积 /m^2	填方量 /m^3
$\sum$				$\sum$			

实训二　纵横断面图测绘

一、任务与场地

(一)任务

每组分别用水准仪皮尺法和全站仪法两种方法完成约 100 m 长的直线纵横断面测绘任务,横断面两侧各测 20 m。

(二)场地

线路测量实训场。

二、仪器设备与已知数据

(一)水准仪断面测量

(1)实训室:工程测量实训室。

(2)仪器设备:每组 S3 水准仪 1 台、水准尺 1 对、皮尺 1 把、记录板 1 个。

(3)已知数据:$H_{BM1}=70.123$ m,$H_{BM2}=71.458$ m。

(二)全站仪断面测量

(1)实训室:工程测量实训室。

(2)仪器设备:每组全站仪 1 台套、对中杆 1 对。

(3)已知数据:$H_{BM2}=70.123$ m。

三、目的

(1)掌握线路纵断面测绘方法。

(2)掌握线路横断面测绘方法。

四、要点及流程

(一)要点

纵、横断面测量要注意前进的方向及前进方向的左右。

(二)流程

1. 水准仪皮尺法

1)准备工作

(1)指导教师现场讲解测量过程、方法及注意事项。

(2)在给定区域,选定一条约 300 m 长的路线,在两端点钉木桩。用皮尺量距,每 30 m 处钉一中桩,并在坡度及方向变化处钉加桩,在木桩侧面标注桩号。起点桩桩号为 0+000,如图 2-1 所示。

2)纵断面测量

(1)如图 2-1 所示,水准仪安置在起点桩与第一转点间适当位置作为第一站(Ⅰ),瞄准(后视）立在附近水准点 BM 上的水准尺，读取后视读数 a（读至毫米），填入记录表格，计算第一站视线高 $H_{\rm I}=H_{\rm BM}+a$。

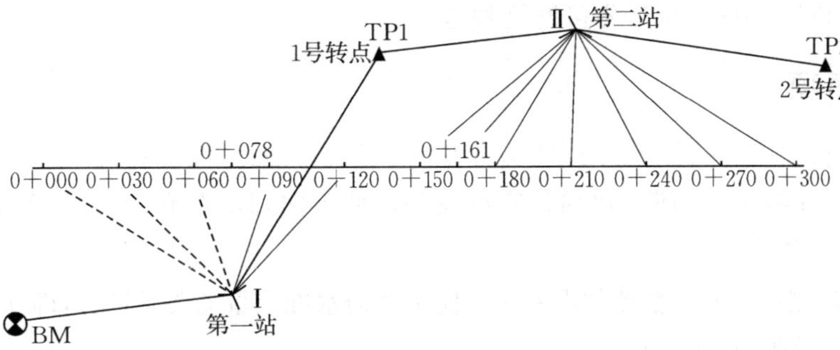

图 2-1　纵断面测量

（2）统筹兼顾整个测量过程，选择前视方向上的第一个转点 TP1，瞄准（前视）立在转点 TP1 上的水准尺，读取前视读数 b（读至毫米），填入记录表格，计算转点 TP1 的高程 $H_{\rm TP1}=H_{\rm I}-b$。

（3）再依此瞄准（中视）本站所能测到的立在各中桩及加桩上的水准尺，读取中视读数 S_i（读至厘米），填入记录表格，利用视线高计算中桩及加桩的高程 $H_i=H_{\rm I}-S_i$。

（4）仪器搬至第二站（Ⅱ），选择第二站前视方向上的 2 号转点 TP2。仪器安置好后，瞄准（后视）TP1 上的水准尺，读数、记录，并计算第二站视线高 $H_{\rm II}$；观测前视 TP2 上的水准尺，读数、记录，并计算 2 号转点 TP2 的高程 $H_{\rm TP2}$。同法继续进行观测，直至线路终点。

（5）为了进行检核，可由线路终点返测至已知水准点，此时不需观测各中间点。

3）横断面测量

每人选一里程桩进行横断面水准测量。如图 2-2 所示，在里程桩上，用方向架确定线路的垂直方向，在中线左右两侧各测 20 m，中桩至左、右侧各坡度变化点距离用皮尺丈量，读至分米；高差用水准仪测定，读至厘米，并将数据填入横断面测量记录表中。

4）纵横断面图的绘制

外业测量完成后，可在室内进行纵、横断面图的绘制。纵断面图：水平距离比例尺可取为 1∶1 000，高程比例尺可取为 1∶100；横断面图：水平距离比例尺可取为 1∶100，高程比例尺可取为 1∶100。纵、横断面图绘制在格网纸上。（横断面图也可在现场边测、边绘并及时与实地对照检查）。

2. 全站仪法

（1）全站仪参数设置。

（2）全站仪测站设置。

（3）测设图 2-2 纵横断面，在 BM1 至 BM2 之间测各桩号高程，进行纵断面测量，再分别测量 K0＋020、K0＋060 两桩号的横断面点 1、2、3。

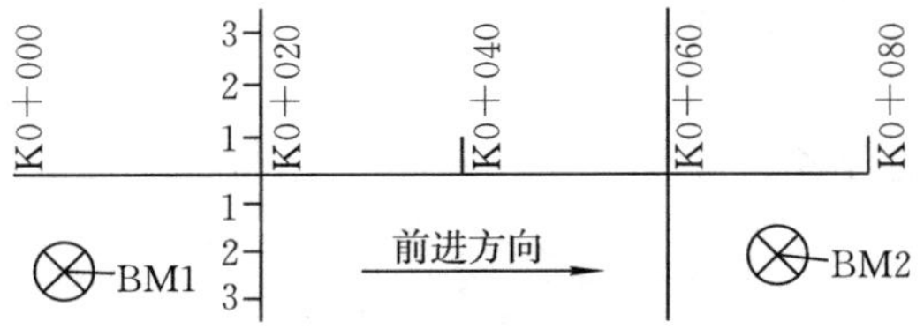

图 2-2　横断面测量

五、技术要求

依据规范:JTG C10—2007《公路勘测规范》。

六、注意事项

(1)中间视因无检核条件,所以读数与计算时,要认真细致,互相核准,避免出错。

(2)横断面水准测量与横断面绘制,应按线路延伸方向划定左右方向,切勿弄错,横断面图绘制最好在现场绘制。

(3)线路往、返测量高差闭合差的限差 $f_{h_容}$ 应按普通水准测量的要求计算,即 $f_{h_容}=\pm 12\sqrt{n}$,式中 n 为测站数。超限应重新测量。

七、项目考核

(一)知识考核(40%)

(1)水准仪皮尺拉平法适用于什么场地?

(2)简述全站仪纵横断面测量的优缺点。

(3)在水准仪测量断面中,前后视尺与间视尺有什么不同?

(二)技能考核(40%)

1. 仪器使用(60%)

在2分钟内完成整平仪器、观测、记录计算者为“优秀”;2～3分钟完成上述操作者为“良好”;3～5分钟完成上述操作者为“合格”。

优秀权重为1;良好权重为0.8;合格为0.6;不合格为0.4。

2. 成果(40%)

在规定时间内完成测量成果,且完全满足要求,成果干净无误者为“优秀”;在规定时间内完成测量成果,精度合乎要求,且无错误者为“良好”;能完成测量成果,但不够规范者为“合格”;其余为“不合格”。

优秀权重为1;良好权重为0.8;合格为0.6;不合格为0.4。

(三)态度考核(20%)

1. 爱护仪器(30%)

发生以下问题之一者扣除其分值。

(1)领取仪器不认真检查者。

(2)测量过程中不按操作规程操作仪器者。

(3)测量结束后不认真整理仪器者。

2. 团队协作(20%)

发生以下问题之一者扣除其分值。

(1)不主动承担任务者。

(2)工作中不能认真配合者。

(3)不服从指挥者。

3. 职业道德(50%)

发生以下问题之一者扣除其分值。

(1)篡改测量数据者。

(2)记录不规范者。

八、上交资料

实训结束后,将小组成果线路中桩纵断面水准测量记录(见表 2-1)及纵断面图,个人成果线路中桩横断面水准测量记录(见表 2-2)及横断面图,测量技能训练报告以小组为单位装订成册上交,测量实训报告见下页。

测量实训报告(实训二)

姓名__________ 学号 ________ 班级________ 指导教师__________ 日期__________

[实训名称]

[目的与要求]

[仪器和工具]

[主要步骤]

[观测数据及测设方案]

见表 2-1 和表 2-2。

[体会及建议]

[教师评语]

表 2-1　线路中桩纵断面水准测量外业记录表

日期：________年____月____日　　天气：__________　　仪器型号：____________　　组号：____________

观测者：__________________　　记录者：__________________　　司尺者：__________________

测站	桩号	后视/m	中视/m	前视/m	间视/m	高程/m

表 2-2　线路中桩横断面水准测量外业记录表

日期：________年____月____日　　天气：__________　　仪器型号：____________　　组号：____________

观测者：__________________　　记录者：__________________　　司尺者：__________________

测站	桩号	后视/m	前视/m	间视/m	视线高/m	高程/m

实训三　圆曲线主点测设

一、任务与场地

(一)任务

(1)根据已知数据计算曲线要素。

(2)计算圆曲线主点里程。

(3)测设圆曲线主点。

(4)曲线主点检核。

(二)场地

线路测量实训场。

二、仪器设备与已知数据

(1)实训室:工程测量实训室。

(2)仪器设备:①由仪器室借领经纬仪 1 台、小目标架 3 个、皮尺 1 把、记录板 1 块、测伞 1 把;②自备计算器、铅笔、小刀、计算用纸。

(3)已知数据:JD_2 的里程为 K3+135.12 m,线路转角 $\alpha_{右}=32°21'$,曲线半径 $R=100$ m;已知中线方向(两切线方向)。

三、目的

(1)学会路线交点转角的测定方法。

(2)掌握圆曲线主点里程的计算方法。

(3)熟悉圆曲线主点的测设过程。

四、要点及流程

(一)要点

圆曲线测设最终都化解为基本的水平角、距离测设。

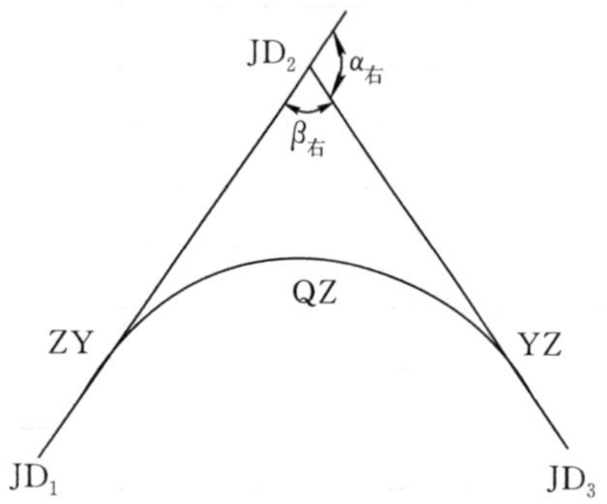

图 3-1　圆曲线测设

(二)流程

(1)根据线路转角 $\alpha_{右}=32°21'$,如图 3-1 所示,在平坦地区定出路线导线的三个交点(JD_1、JD_2、JD_3)。

(2)根据圆曲线半径 R 和转角 $\alpha_{右}$,计算曲线测设要素 L、T、E、D。

(3)计算圆曲线主点的里程(JD_2 的里程为 K3+135.12)。计算列表如下

JD_2	K3＋135.12
－）	T
	ZY
＋）	L
	YZ
－）	$L/2$
	QZ
＋）	$D/2$
JD_2	K3＋135.12 （校核计算）

(4)设置圆曲线主点：①在 JD_2—JD_1 方向线上，自 JD_2 量取切线长 T，得圆曲线起点 ZY，插一测钎作为起点桩；②在 JD_2—JD_3 方向线上，自 JD_2 量取切线长 T，得圆曲线终点 YZ，插一测钎作为终点桩；③用经纬仪设置 $\beta_{右}/2$ 的方向线，即 $\beta_{右}$ 的角平分线。在此角平分线上自 JD_2 量取外距 E，得圆曲线中点 QZ，插一测钎作为中点桩。

(5)站在曲线内侧观察 ZY、QZ、YZ 桩是否有圆曲线的线形，以作为概略检核。

(6)交换工种后再重复上面的(1)、(2)、(3)步骤，看两次设置的主点位置是否重合。如果不重合，而且差得太大，就要查找原因，重新测设。如在容许范围内，则点位即可确定。

五、技术要求

(1)依据规范：JTG C10—2007《公路勘测规范》。

(2)仪器应严格对中、整平，气泡偏离不得超过一格，地面点标志不得超出圈外。

(3)计算取位正确：角度保留到秒。

(4)检核点的横向误差不超过 0.1 m，纵向误差不超过 $L/1\,000$。

(5)能正确画出放样示意图。

六、注意事项

(1)为使实训直观便利，克服场地的限制，本次实训规定 $30° < \alpha_{右} < 40°$，$R = 100$ m。

(2)计算主点里程时要两人独立计算，加强校核，以防算错。

(3)本次实训事项较多，小组人员要紧密配合，保证实训顺利完成。

七、项目考核

(一)知识考核(40%)

(1)写出圆曲线要素的计算公式和主点计算公式。

(2)简述圆曲线主点测设的过程及检核限差要求。

(二)技能考核(40%)

1. 仪器使用(60%)

在 2 分钟内完成整平仪器、观测、记录计算者为“优秀”；2～3 分钟完成上述操作者为“良好”；3～5 分钟完成上述操作者为“合格”。

优秀权重为 1；良好权重为 0.8；合格为 0.6；不合格为 0.4。

2. 成果(40%)

在规定时间内完成测量成果,且完全满足要求,成果干净无误者为"优秀";在规定时间内完成测量成果,精度合乎要求,且无错误者为"良好";能完成测量成果,但不够规范者为"合格";其余为"不合格"。

优秀权重为1;良好权重为0.8;合格为0.6;不合格为0.4。

(三)态度考核(20%)

1. 爱护仪器(30%)

发生以下问题之一者扣除其分值。

(1)领取仪器不认真检查者。

(2)测量过程中不按操作规程操作仪器者。

(3)测量结束后不认真整理仪器者。

2. 团队协作(20%)

发生以下问题之一者扣除其分值。

(1)不主动承担任务者。

(2)工作中不能认真配合者。

(3)不服从指挥者。

3. 职业道德(50%)

发生以下问题之一者扣除其分值。

(1)篡改测量数据者。

(2)记录不规范者。

测量实训报告(实训三)

姓名＿＿＿＿＿　学号＿＿＿＿＿　班级＿＿＿＿＿　指导教师＿＿＿＿＿　日期＿＿＿＿＿

［实训名称］

［目的与要求］

［仪器和工具］

［主要步骤］

［观测数据及测设方案］

表 3-1　圆曲线主点测设数据记录手簿

<table>
<tr><td colspan="2">交点号</td><td colspan="2"></td><td>交点桩号</td><td colspan="2"></td></tr>
<tr><td rowspan="5">转角观测结果</td><td>盘位</td><td>目　标</td><td>水平度盘读数</td><td>半测回右角值</td><td>右　角</td><td>转　角</td></tr>
<tr><td rowspan="2">盘左</td><td></td><td></td><td rowspan="2"></td><td rowspan="4"></td><td rowspan="4"></td></tr>
<tr><td></td><td></td></tr>
<tr><td rowspan="2">盘右</td><td></td><td></td><td rowspan="2"></td></tr>
<tr><td></td><td></td></tr>
<tr><td>曲线要素</td><td colspan="2">R(半径)＝
α(转角)＝</td><td colspan="2">T(切线长)＝
L(曲线长)＝</td><td colspan="2">E(外矢距)＝
D(切曲差)＝</td></tr>
<tr><td>主点桩号</td><td colspan="2">ZY 桩号：</td><td colspan="2">QZ 桩号：</td><td colspan="2">YZ 桩号：</td></tr>
<tr><td rowspan="2">主点测设方法</td><td colspan="3">测　设　草　图</td><td colspan="3">测　设　方　法</td></tr>
<tr><td colspan="3"></td><td colspan="3"></td></tr>
</table>

［体会及建议］

［教师评语］

实训四　偏角法测设圆曲线

一、任务与场地

(一)任务

(1)根据已知数据计算曲线要素。

(2)计算圆曲线主点里程。

(3)计算圆曲线细部点的偏角。

(4)测设圆曲线主点和细部点。

(5)曲线主点检核。

(二)场地

线路测量实训场。

二、仪器设备与已知数据

(1)实训室:工程测量实训室。

(2)仪器设备:①由仪器室借领经纬仪 1 台、皮尺 1 把、小目标架 3 根、测钎 1 束、记录板 1 块;②自备计算器、铅笔、小刀、计算用纸。

(3)已知数据:JD_2 的里程为 K3+135.12 m,线路转角 $\alpha_{右}=32°21'$,曲线半径 $R=100$ m。在实训四的基础上用偏角法完成圆曲线细部测设,曲线里程桩桩距为 10 m。

三、目的

(1)学会用偏角法详细测设圆曲线。

(2)掌握偏角法测设数据的计算及测设方法。

四、要点及流程

(一)要点

圆曲线测设最终都化解为基本的水平角、距离测设,在实训三的基础上用偏角法完成圆曲线细部测设。

(二)流程

(1)在实训前首先按照本次实训所给的已知数据计算出所需测设数据。

(2)根据所算出的圆曲线主点里程设置圆曲线主点,其设置方法与实训三相同。

(3)将经纬仪置于圆曲线起点 ZY (A),水平度盘设置起始读数 $360°-\Delta$,后视交点 JD_2 得切线方向,如图 4-1 所示。

(4)转动照准部,使水平度盘读数为 $0°00'00''$ (P_1 点的偏角读数),得 AP_1 方向,沿此方向从 A 点量出首段弦长 c_A 得整桩 P_1,在 P_1 点上插一测钎。

(5)对照所计算的偏角表,转动照准部,使度盘对准整弧段 l_0 的偏角 Δ_0(P_2 点的偏角读数)，得 AP_2 方向，从 P_1 点量出整弧段的弦长 c_0 与 AP_2 方向线相交得 P_2 点，在 P_2 点上插一测钎。

(6)转动照准部，使度盘对准 $2l_0$ 的偏角 $2\Delta_0$(P_3 点的偏角读数)，得 AP_3 方向，从 P_2 点量出 c_0 与 AP_3 方向线相交得 P_3，在 P_3 点上插一测钎。

(7)依此类推定出其他各整桩点。

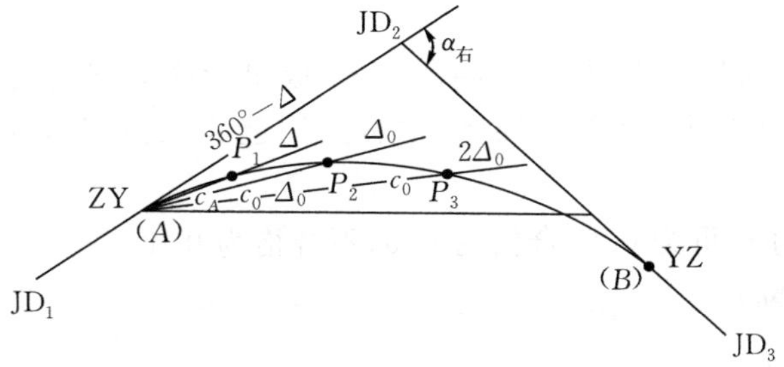

图 4-1　偏角法测设曲线

(8)最后应闭合于曲线终点 YZ(B)，当转动照准部使度盘对准偏角 $n\Delta_0+\Delta_B$(终点 B 的偏角读数)得 AB 方向，从 P_n 点量出尾弧段弦长 c_B 与 AB 方向线相交，其交点应为原设的 YZ 点，如两者不重合，其闭合差一般不得超过如下规定，否则应检查原因，进行改正或重测：

半径方向(横向)：±0.1 m；

切线方向(纵向)：$\pm\dfrac{L}{1\,000}$，L 为曲线长。

如果将经纬仪置于曲线终点 YZ (B) 上，反拨偏角测设圆曲线(即路线为左转角时正拨偏角测设圆曲线)，其测设方法与正拨偏角测设方法基本相同。不同之处就是反拨偏角值等于360°减正拨偏角。

五、技术要求

(1)依据规范:JTG C10—2007《公路勘测规范》。

(2)仪器应严格对中、整平，气泡偏离不得超过一格，地面点标志不得超出圈外。

(3)计算取位正确:角度保留到秒。

(4)检核点的横向误差不超过 0.1 m，纵向误差不超过 $L/1\,000$。

(5)能正确画出放样示意图。

六、注意事项

(1)本次实训是在实训三的基础上进行的，故对实训三的方法及要领应了如指掌。

(2)应在实训前将算例的全部测设数据计算出来，不能在实训中边算边测，以防时间不够或出错。

七、项目考核

(一)知识考核(40%)

(1)写出圆曲线要素的计算公式和主点计算公式。

(2)简述圆曲线细部点测设的过程及限差要求。

(二)技能考核(40%)

1. 仪器使用(60%)

在2分钟内完成整平仪器、观测、记录计算者为“优秀”;2～3分钟完成上述操作者为“良好”;3～5分钟完成上述操作者为“合格”。

优秀权重为1;良好权重为0.8;合格为0.6;不合格为0.4。

2. 成果(40%)

在规定时间内完成测量成果,且完全满足要求,成果干净无误者为“优秀”;在规定时间内完成测量成果,精度合乎要求,且无错误者为“良好”;能完成测量成果,但不够规范者为“合格”;其余为“不合格”。

优秀权重为1;良好权重为0.8;合格为0.6;不合格为0.4。

(三)态度考核(20%)

1. 爱护仪器(30%)

发生以下问题之一者扣除其分值。

(1)领取仪器不认真检查者。

(2)测量过程中不按操作规程操作仪器者。

(3)测量结束后不认真整理仪器者。

2. 团队协作(20%)

发生以下问题之一者扣除其分值。

(1)不主动承担任务者。

(2)工作中不能认真配合者。

(3)不服从指挥者。

3. 职业道德(50%)

发生以下问题之一者扣除其分值。

(1)篡改测量数据者。

(2)记录不规范者。

测量实训报告(实训四)

姓名__________　学号 ________　班级________　指导教师__________　日期__________

［实训名称］

［目的与要求］

［仪器和工具］

［主要步骤］

［观测数据及测设方案］

见表 4-1。

［体会及建议］

［教师评语］

表 4-1 偏角法测设圆曲线数据手簿

交点号				交点桩号		
转角观测结果	盘位	目　标	水平度盘读数	半测回右角值	右　角	转　角
	盘左					
	盘右					
曲线要素	R(半径)＝		T(切线长)＝		E(外矢距)＝	
	α(转角)＝		L(曲线长)＝		D(切曲差)＝	
主点桩号	ZY 桩号：		QZ 桩号：		YZ 桩号：	
各中桩的测设数据	桩　号	曲线长 /m	偏　角 /(°　′　″)	水平度盘读数 /(°　′　″)	弦　长 /m	备　注
测设方法	测　设　草　图			测　设　方　法		

实训五　切线支距法测设圆曲线

一、任务与场地

(一)任务

(1)根据已知数据计算曲线要素。

(2)计算圆曲线主点里程。

(3)计算圆曲线细部点的偏角。

(4)测设圆曲线主点和细部点。

(5)曲线主点检核。

(二)场地

线路测量实训场。

二、仪器设备与已知数据

(1)实训室:工程测量实训室。

(2)仪器设备:①由仪器室借领经纬仪 1 台、皮尺 1 把、小目标架 3 根、测钎 1 束、记录板 1 块;②自备计算器、铅笔、小刀、计算用纸。

(3)已知数据:JD_2 的里程为 K3＋135.12 m,线路转角 $\alpha_{右}=32°21'$,曲线半径 $R=100$ m。在实训三的基础上用切线支距法完成圆曲线细部测设,曲线里程桩桩距为 10 m。

三、目的

(1)学会用切线支距法详细测设圆曲线。

(2)掌握切线支距法测设数据的计算及测设过程。

四、要点及流程

(一)要点

圆曲线测设最终都化解为基本的水平角、距离测设,在实训三的基础上用切线支距法完成圆曲线细部测设。

(二)流程

(1)在实训前首先按照本次实训所给的已知数据计算出所需测设数据。

(2)根据所算出的圆曲线主点里程设置圆曲线主点,其设置方法与实训三相同。

(3)将经纬仪置于圆曲线起点(或终点),标定出切线方向,也可以用花杆标定切线方向。

(4)根据各里程桩点的横坐标用皮尺从曲线起点(或终点)沿切线方向量取 x_1、x_2、x_3…,得垂足 N_1、N_2、N_3…,并用测钎标记之,如图 5-1 所示。

(5)在垂足 N_1、N_2、N_3… 各点用方向架标定垂线,并沿此垂线方向分别量出 y_1、y_2、y_3…,即定出曲线上 P_1、P_2、P_3… 各桩点,并用测钎标记其位置。

(6)从曲线的起(终)点分别向曲线中点测设,测设完毕后,用丈量所定各点间弦长来校核其位置是否正确,也可用弦线偏距法进行校核。

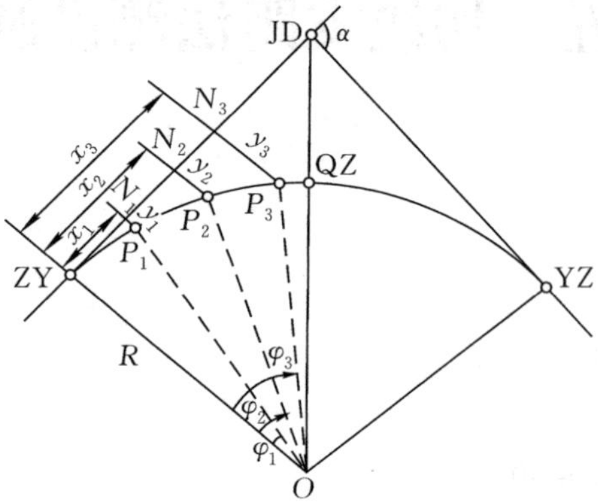

图 5-1 切线支距法测设曲线

五、技术要求

(1)依据规范:JTG C10—2007《公路勘测规范》。

(2)仪器应严格对中、整平,气泡偏离不得超过一格,地面点标志不得超出圈外。

(3)计算取位正确:角度保留到秒。

(4)检核点的横向误差不超过 0.1 m,纵向误差不超过 $L/1\,000$。

(5)能正确画出放样示意图。

六、注意事项

(1)本次实训是在实训三的基础上进行的,故对实训三的方法及要领应了如指掌。

(2)应在实训前将算例的全部测设数据计算出来,不能在实训中边算边测,以防时间不够或出错。

七、项目考核

(一)知识考核(40%)

(1)写出切线支距法放样数据的计算公式,并简述其优缺点。

(2)叙述切线支距法放样圆曲线的工作步骤。

(二)技能考核(40%)

1. 仪器使用(60%)

在 2 分钟内完成整平仪器、观测、记录计算者为"优秀";2~3 分钟完成上述操作者为"良好";3~5 分钟完成上述操作者为"合格"。

优秀权重为 1;良好权重为 0.8;合格为 0.6;不合格为 0.4。

2. 成果(40%)

在规定时间内完成测量成果,且完全满足要求,成果干净无误者为"优秀";在规定时间内完成测量成果,精度合乎要求,且无错误者为"良好";能完成测量成果,但不够规范者为"合格";其余为"不合格"。

优秀权重为1;良好权重为0.8;合格为0.6;不合格为0.4。

(三)态度考核(20%)

1. 爱护仪器(30%)

发生以下问题之一者扣除其分值。

(1)领取仪器不认真检查者。

(2)测量过程中不按操作规程操作仪器者。

(3)测量结束后不认真整理仪器者。

2. 团队协作(20%)

发生以下问题之一者扣除其分值。

(1)不主动承担任务者。

(2)工作中不能认真配合者。

(3)不服从指挥者。

3. 职业道德(50%)

发生以下问题之一者扣除其分值。

(1)篡改测量数据者。

(2)记录不规范者。

测量实训报告(实训五)

姓名__________ 学号 ________ 班级________ 指导教师__________ 日期__________

[实训名称]

[目的与要求]

[仪器和工具]

[主要步骤]

[观测数据及测设方案]

见表 5-1。

[体会及建议]

[教师评语]

表 5-1　切线支距法测设圆曲线数据手簿

<table>
<tr><td colspan="2">交点号</td><td colspan="4"></td><td colspan="3">交点桩号</td><td colspan="3"></td></tr>
<tr><td rowspan="5">转角观测结果</td><td>盘位</td><td colspan="2">目　标</td><td colspan="2">水平度盘读数</td><td colspan="3">半测回右角值</td><td colspan="2">右　角</td><td>转　角</td></tr>
<tr><td rowspan="2">盘左</td><td colspan="2"></td><td colspan="2"></td><td colspan="3" rowspan="2"></td><td colspan="2" rowspan="4"></td><td rowspan="4"></td></tr>
<tr><td colspan="2"></td><td colspan="2"></td></tr>
<tr><td rowspan="2">盘右</td><td colspan="2"></td><td colspan="2"></td><td colspan="3" rowspan="2"></td></tr>
<tr><td colspan="2"></td><td colspan="2"></td></tr>
<tr><td rowspan="2">曲线要素</td><td colspan="4">R（半径）＝</td><td colspan="4">T（切线长）＝</td><td colspan="3">E（外矢距）＝</td></tr>
<tr><td colspan="4">α（转角）＝</td><td colspan="4">L（曲线长）＝</td><td colspan="3">D（切曲差）＝</td></tr>
<tr><td>主点桩号</td><td colspan="4">ZY 桩号：</td><td colspan="4">QZ 桩号：</td><td colspan="3">YZ 桩号：</td></tr>
<tr><td rowspan="12">各中桩的测设数据</td><td colspan="2">桩　号</td><td colspan="2">曲线长/m</td><td colspan="3">x/m</td><td colspan="2">y/m</td><td colspan="2">备　注</td></tr>
<tr><td colspan="2"></td><td colspan="2"></td><td colspan="3"></td><td colspan="2"></td><td colspan="2" rowspan="11"></td></tr>
<tr><td colspan="2"></td><td colspan="2"></td><td colspan="3"></td><td colspan="2"></td></tr>
<tr><td colspan="2"></td><td colspan="2"></td><td colspan="3"></td><td colspan="2"></td></tr>
<tr><td colspan="2"></td><td colspan="2"></td><td colspan="3"></td><td colspan="2"></td></tr>
<tr><td colspan="2"></td><td colspan="2"></td><td colspan="3"></td><td colspan="2"></td></tr>
<tr><td colspan="2"></td><td colspan="2"></td><td colspan="3"></td><td colspan="2"></td></tr>
<tr><td colspan="2"></td><td colspan="2"></td><td colspan="3"></td><td colspan="2"></td></tr>
<tr><td colspan="2"></td><td colspan="2"></td><td colspan="3"></td><td colspan="2"></td></tr>
<tr><td colspan="2"></td><td colspan="2"></td><td colspan="3"></td><td colspan="2"></td></tr>
<tr><td colspan="2"></td><td colspan="2"></td><td colspan="3"></td><td colspan="2"></td></tr>
<tr><td colspan="2"></td><td colspan="2"></td><td colspan="3"></td><td colspan="2"></td></tr>
<tr><td rowspan="2">测设方法</td><td colspan="6">测　设　草　图</td><td colspan="5">测　设　方　法</td></tr>
<tr><td colspan="6"></td><td colspan="5"></td></tr>
</table>

实训六　偏角法测设综合曲线

一、任务与场地

(一)任务

(1)带有缓和曲线的圆曲线的主点要素计算。

(2)主点里程计算、主点测设。

(3)缓和曲线偏角计算。

(4)带有缓和曲线的圆曲线细部点测设。

(5)用全站仪测绘出和细部点,并设置里程桩。

(二)场地

线路测量实训场。

二、仪器设备与已知数据

(1)实训室:工程测量实训室。

(2)仪器设备:①由仪器室借领经纬仪 1 台、皮尺 1 把、小目标架 3 根、测钎 1 束、记录板 1 块;②自备计算器、铅笔、小刀、计算用纸。

(3)已知数据:JD_2 的里程为 K3+135.12 m,线路转角 $\alpha_{右}=32°21'$,曲线半径 $R=400$ m,曲线长 $L_0=20$ m;中线方向;缓和曲线细部点里程桩桩距为 5～10 m。

三、目的

(1)会用偏角法测设带有缓和曲线段的圆曲线。

(2)会计算曲线测设所需数据。

四、要点及流程

(一)要点

复杂的平曲线测设最终都化解为基本的水平角、距离测设。用偏角法测设带有缓和曲线的圆曲线。

(二)流程

由于本次实训数据计算量大,实训时间紧,应在实训前按照本次实训所给的已知数据计算出所需测设数据,按下述方法完成本次实训。

1. 主点测设

(1)根据线路转角 $\alpha_{右}=32°21'$,测设 JD_1、JD_2、JD_3,相邻交点间距不小于 80 m。

(2)根据 JD_2 的里程桩号,以及实训场地的具体情况选定曲线半径 R、缓和曲线长 L_s(也可采用后面算例中的数据)。

(3) 计算曲线元素。

(4) 计算曲线主点的里程桩号。

(5) 测设曲线主点 ZH、QZ、HZ：如图 6-1 所示，①自 JD_2 沿 JD_2—JD_1 方向量切线长 T 得 ZH 点；②自 JD_2 沿分角线方向量外矢距 E 得 QZ 点；③自 JD_2 沿 JD_2—JD_3 方向量切线长 T 得 HZ 点。

2. 详细测设

1)计算各桩的测设数据

偏角、弦长及对应的水平度盘读数。

(1)ZH～HY 段。

以 ZH 为测站点，ZH—JD_2 方向为零方向，用弧长代替弦长，用下式计算偏角

$$\Delta=\frac{l^2}{6RL_s}\times\frac{180^\circ}{\pi}$$

式中，l ＝待测桩桩号－ZH 桩号。

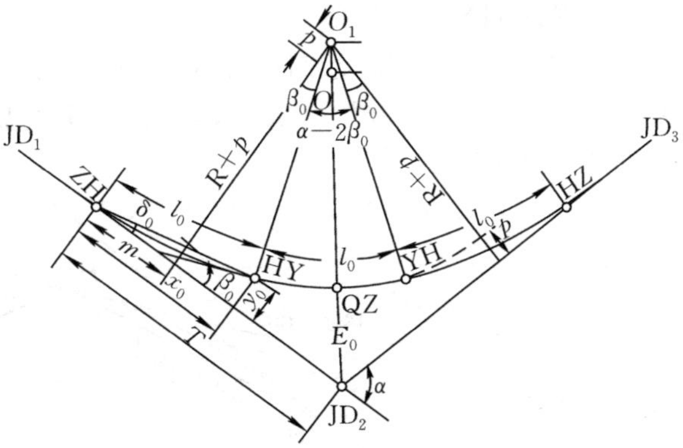

图 6-1　综合曲线主点测设

(2)HZ～YH 段。

以 HZ 为测站点，HZ—JD_2 方向为零方向，用弧长代替弦长，用下式计算偏角

$$\Delta=\frac{l^2}{6RL_s}\times\frac{180^\circ}{\pi}$$

式中，l ＝ HZ 桩号－待测桩桩号。

(3)HY～YH 段。

以 HY 为测站点，HY—ZH 方向为零方向，用下式计算偏角、弦长

$$\Delta=\frac{l}{2R}\times\frac{180^\circ}{\pi}$$

$$c=2R\sin\frac{l}{2R}$$

式中，l ＝待测桩桩号－HY 桩号。

2)测设 ZH～HY 段

(1)在 ZH 点安置经纬仪，以 ZH—JD_2 方向为起始方向，将该方向的水平度盘读数设置为 0°00′00″。如图 6-2 所示。

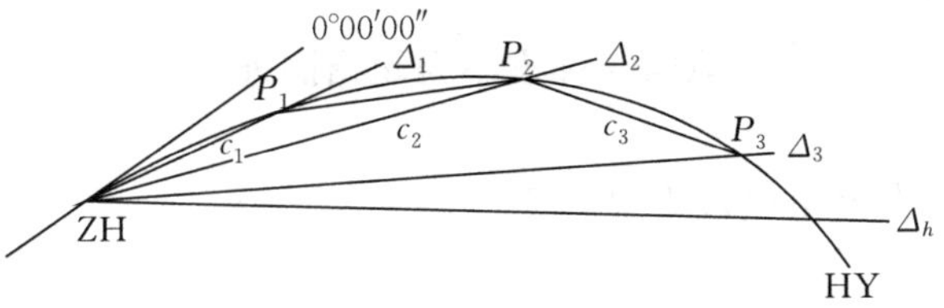

图 6-2　偏角法测设综合曲线

(2)拨 P_1 对应的偏角 Δ_1，即转动照准部找到 P_1 对应的水平度盘读数 Δ_1 或 $360^\circ-\Delta_1$，得 ZH—P_1 方向，自 ZH 沿此方向量 ZHP_1 对应的弦长得 P_1 桩位，钉木桩或用测钎标记。

(3)转动照准部找到 P_2 对应的水平度盘读数Δ_2 或 $360^\circ-\Delta_2$，得 ZH—P_2 方向，自 P_1 点量 P_1P_2 对应的弦长与此方向交会得 P_2，钉木桩或用测钎标记。

(4)按步骤(3)所述方法测设 ZH～HY 段其余各中桩。

(5)转动照准部找到 HY 对应的水平度盘读数 Δ_h 或 $360^\circ-\Delta_h$，得 ZH—HY 方向，沿此方向量 c_h 即得 HY 点。

(6)丈量 HY 与前一中桩之间的弦长进行校核,若误差超限,则应重测 ZH～HY 段。

3)测设 HZ～YH 段

方法与测设 ZH～HY 段类同(在 HZ 点安置经纬仪,将 HZ—JD_2 方向的水平度盘读数设置为 0°00′00″。P_n 方向的水平度盘读数应为 $360°-\Delta_n$ 或 Δ_n)。

4)测设 HY～YH 段

(1)在 HY 点安置经纬仪,以 HY—ZH 方向为起始方向,将该方向的水平度盘读数设置为 $180°-2\beta_0/3$ 或 $180°+2\beta_0/3$,此时,水平度盘读数为 0°00′00″的方向即为 HY 点的切线方向,如图 6-3 所示。

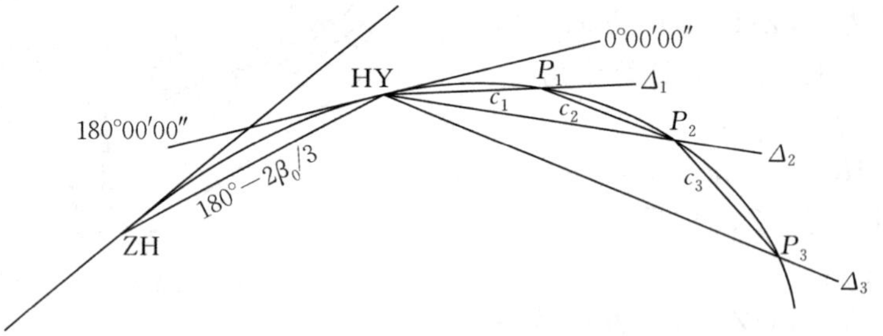

图 6-3 综合曲线的圆曲线测设

(2)拨 P_1 对应的偏角 Δ_1,即转动照准部找到 P_1 对应的水平度盘读数 Δ_1 或 $360°-\Delta_1$,得 HY—P_1 方向,自 HY 沿此方向量 HY P_1 对应的弦长得 P_1,钉木桩或用测钎标记。

(3)转动照准部找到 P_2 对应的水平度盘读数 Δ_2 或 $360°-\Delta_2$,得 HY—P_2 方向,自 P_1 点量 P_1 P_2 对应的弦长与此方向交会得 P_2,钉木桩或用测钎标记。

(4)按步骤(3)所述方法测设 HY～QZ 段其余各桩并测出 QZ,与用主点测设方法测出的 QZ 位置比较,若误差超限,应重测 HY～QZ 段。

(5)继续按步骤(3)所述方法测设至 YH 点,并与已测出的 YH 位置比较,若误差超限,应重测 QZ～YH 段。

3. 校核

目测所测平曲线是否顺适,并丈量弦长进行校核。

五、技术要求

(1)依据规范:JTG C10—2007《公路勘测规范》。

(2)仪器应严格对中、整平,气泡偏离不得超过一格,地面点标志不得超出圈外。

(3)计算取位正确:角度保留到秒。

(4)检核点的横向误差不超过 0.1 m,纵向误差不超过 $L/1\,000$。

(5)能正确画出放样示意图。

六、注意事项

(1)计算测设数据时要细心。曲线要素经复核无误后才可计算主点桩号,主点桩号经复核无误后才可计算各桩的测设数据,各桩的测设数据经复核无误后才可进行测设。

(2)曲线加桩的测设是在主点桩测设的基础上进行的,因此测设主点桩时要十分细心。

(3)在丈量切线长、外距及弦长时,尺身要水平。

(4)设置起始方向的水平度盘读数要细心。

(5)平曲线的闭合差一般不得超过以下规定：

半径方向：±0.1 m；

切线方向：$\pm\frac{L}{1\,000}$，L 为曲线长。

(6)当时间较紧时，应在实训前计算好测设曲线所需的数据，不能在实训中边算边测，以防时间不够或出错。

七、项目考核

(一)知识考核(40%)

(1)带有缓和曲线的圆曲线与圆曲线之间的主点比较，等级公路是使用圆曲线还是带有缓和曲线的圆曲线测设较好？

(2)使用全站仪坐标法测设综合曲线应如何进行？

(3)偏角法测设曲线时，偏角计算有什么规律？

(二)技能考核(40%)

1. 仪器使用(60%)

在2分钟内完成整平仪器、观测、记录计算者为“优秀”；2～3分钟完成上述操作者为“良好”；3～5分钟完成上述操作者为“合格”。

优秀权重为1；良好权重为0.8；合格为0.6；不合格为0.4。

2. 成果(40%)

在规定时间内完成测量成果，且完全满足要求，成果干净无误者为“优秀”；在规定时间内完成测量成果，精度合乎要求，且无错误者为“良好”；能完成测量成果，但不够规范者为“合格”；其余为“不合格”。

优秀权重为1；良好权重为0.8；合格为0.6；不合格为0.4。

(三)态度考核(20%)

1. 爱护仪器(30%)

发生以下问题之一者扣除其分值。

(1)领取仪器不认真检查者。

(2)测量过程中不按操作规程操作仪器者。

(3)测量结束后不认真整理仪器者。

2. 团队协作(20%)

发生以下问题之一者扣除其分值。

(1)不主动承担任务者。

(2)工作中不能认真配合者。

(3)不服从指挥者。

3. 职业道德(50%)

发生以下问题之一者扣除其分值。

(1)篡改测量数据者。

(2)记录不规范者。

测量实训报告(实训六)

姓名__________ 学号 ________ 班级________ 指导教师__________ 日期__________

[实训名称]

[目的与要求]

[仪器和工具]

[主要步骤]

[观测数据及测设方案]

见表 6-1。

[体会及建议]

[教师评语]

表 6-1　偏角法测设综合曲线数据手簿

交点号				交点桩号		
转角观测结果	盘位	目　标	水平度盘读数	半测回右角值	右　角	转　角
	盘左					
	盘右					

曲线要素	R(半径) =	α(转角) =	L_s(缓和曲线) =	P(切线内移量) =
	m(切垂距) =	ρ_0(切线偏角) =	x_0(HY/YH) =	y_0(HY/YH) =
	T(切线长) =	E(外矢距) =	L(曲线总长) =	D(切曲差) =
主点桩号	ZH 桩号：		HY 桩号：	
	QZ 桩号：			
	YH 桩号：		HZ 桩号：	

各中桩的测设数据	测　段	桩　号	曲线长/m	偏　角/(°　′　″)	水平度盘读数/(°　′　″)	弦　长/m	备　注
	ZH～HY						测站点:ZH 起始方向:ZH—JD 起始方向的水平度盘读数:0°00′00″
	HZ～YH						测站点:HZ 起始方向:HZ—JD 起始方向的水平度盘读数:0°00′00″

续表

	测段	桩号	曲线长/m	偏角/(° ′ ″)	水平度盘读数/(° ′ ″)	弦长/m	备注
各中桩的测设数据	HY～YH						测站点：HY 起始方向：HY—ZH 起始方向的水平度盘读数：$180°-2\beta_0/3$
实习场地布置草图							

实训七　切线支距法测设综合曲线

一、任务与场地

(一)任务

(1)带有缓和曲线的圆曲线的主点要素计算。

(2)主点里程计算、主点测设。

(3)缓和曲线切线支距坐标计算。

(4)带有缓和曲线的圆曲线细部点测设。

(5)用全站仪测绘出和细部点,并设置里程桩。

(二)场地

线路测量实训场。

二、仪器设备与已知数据

(1)实训室:工程测量实训室。

(2)仪器设备:①由仪器室借领经纬仪 1 台、皮尺 1 把、小目标架 3 根、测钎 1 束、记录板 1 块;②自备:计算器、铅笔、小刀、计算用纸。

(3)已知数据:JD_2 的里程为 K3+135.12 m,线路转角 $\alpha_{右}=32°21'$,曲线半径 $R=400$ m,曲线长 $L_0=20$ m;中线方向;缓和曲线细部点里程桩桩距为 5～10 m。

三、目的

(1)会用切线支距法测设带有缓和曲线的圆曲线。

(2)会计算曲线测设所需数据。

四、要点及流程

(一)要点

复杂的带有缓和曲线的圆曲线测设最终都化解为基本的水平角、距离测设。用切线支距法测设有缓和曲线的圆曲线。

(二)流程

由于本次实训数据计算量大,实训时间较紧,应在实训前按照本次实训所给的已知数据计算出所需测设数据,按下述方法完成本次实训。

1. 主点测设(同实训六)

(1)根据线路转角 $\alpha_{右}=32°21'$,测设 JD_1、JD_2、JD_3,相邻交点间距不小于 80 m。

(2)根据 JD_2 的里程桩号,以及实训场地的具体情况选定曲线半径 R、缓和曲线长 L_s(也可采用上面的已知数据)。

(3)计算曲线要素。

(4)计算曲线主点的里程桩号。

(5)测设曲线主点:①自 JD_2 沿 JD_2—JD_1 方向量切线长 T 得 ZH 点。②自 JD_2 沿 JD_2—JD_3 方向量切线长 T 得 HZ 点。③自 JD_2 沿分角线方向量外距 E 得 QZ 点。④自 ZH 沿切线向 JD_2 量 x 得 HY 点对应的垂足位置,在该垂足位置用十字方向架定出垂线方向并沿垂线方向量 y 即得 HY 点。⑤由 HZ 沿切线向 JD_2 量 x 得 YH 点对应的垂足位置,在该垂足位置用十字方向架定出垂线方向,并沿垂线方向量 y 即得 YH 点。

2. 详细测设

1)计算各桩的测设数据 x、y

(1)ZH～HY 段:以 ZH 为坐标原点,用下式计算

$$x = l - \frac{l^5}{40R^2L_s^2}$$

$$y = \frac{l^3}{6RL_s}$$

式中,l =待测桩桩号－ZH 桩号。

(2)HY～QZ 段:以 HY 为坐标原点,用下式计算

$$x = R\sin\frac{l}{R}$$

$$y = R\left(1-\cos\frac{l}{R}\right)$$

式中,l =待测桩桩号－HY 桩号。

(3)HZ～YH 段:以 HZ 为坐标原点,用下式计算

$$x = l - \frac{l^5}{40R^2L_s^2}$$

$$y = \frac{l^3}{6RL_s}$$

式中,l =HZ 桩号－待测桩桩号。

(4)YH～QZ 段:以 HZ 为坐标原点,用下式计算

$$x = R\sin\frac{l}{R} + q$$

$$y = R\left(1-\cos\frac{l}{R}\right) + P$$

式中,l = YH 桩号－待测桩桩号＋$L_s/2$。

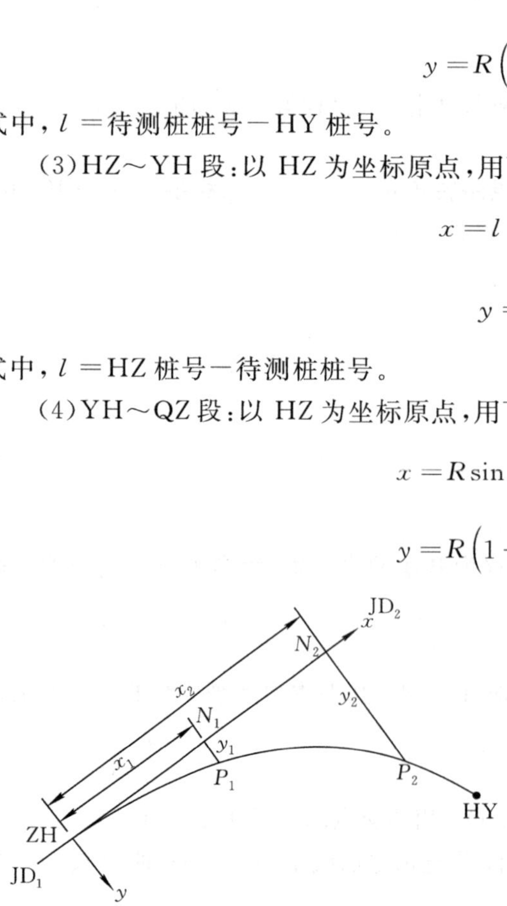

图 7-1 切线支距法测设综合曲线(ZH～HY 段)

2)测设 ZH～HY 段

(1)如图 7-1 所示,自 ZH 点沿切线向 JD_2 量 P_1、P_2… 的坐标 x_1、x_2…,得垂足 N_1、N_2…,并用测钎标记。

(2)依次在 N_1、N_2… 用十字方向架定出垂线方向,分别沿各垂线方向量坐标 y_1、y_2…,即得 P_1、P_2… 桩位,钉木桩或用测钎标记。

3)测设 HY～QZ 段

(1)如图 7-2 所示，自 ZH 点沿切线向 JD_2 量 T_d，该点与 HY 点的连线即为 HY 点的切线方向。

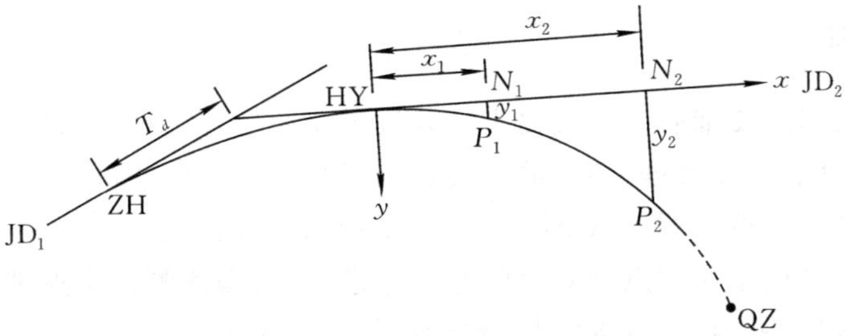

图 7-2　切线支距法测设综合曲线(ZH～QZ 段)

(2)自 HY 点沿 HY 点的切线方向量 P_1、P_2… 的坐标 x_1、x_2、…，得垂足 N_1、N_2、…，并用测钎标记。

(3)依次在 N_1、N_2、… 用十字方向架定出垂线方向，分别沿各垂线方向量坐标 y_1、y_2、…，即得 P_1、P_2、… 桩位，钉木桩或用测钎标记。

4)测设 HZ～YH 段

(1)如图 7-3 所示，自 HZ 点沿切线向 JD_2 量 P_1、P_2、… 的坐标 x_1、x_2、…，得垂足 N_1、N_2、…，并用测钎标记。

(2) 依次在 N_1、N_2、… 用十字方向架定出垂线方向，分别沿各垂线方向量坐标 y_1、y_2、…，即得 P_1、P_2、… 桩位，钉木桩或用测钎标记。

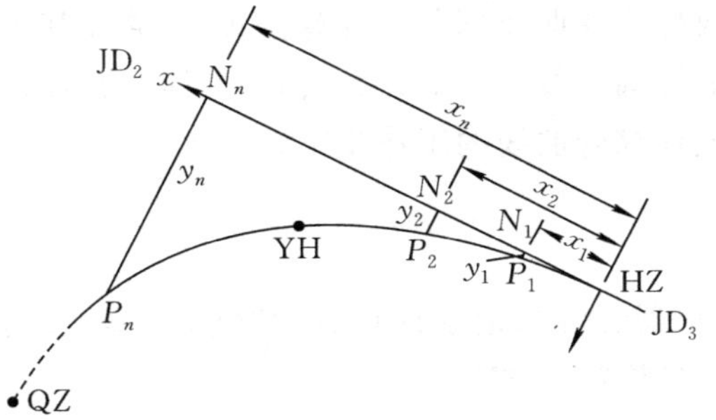

图 7-3　切线支距法测设综合曲线(HZ～QZ 段)

5)测设 YH～QZ 段

(1)如图 7-3 所示，自 HZ 点沿切线向 JD_2 量 P_n、P_{n+1}、… 的坐标 x_n、x_{n+1}、…，得垂足 N_n、N_{n+1}、…，并用测钎标记。

(2) 依次在 N_n、N_{n+1}、… 用十字方向架定出垂线方向，分别沿各垂线方向量坐标 y_n、y_{n+1}、…，即得 P_n、P_{n+1}、… 桩位，钉木桩或用测钎标记。

3. 校核

目测所测平曲线是否顺适，并丈量相邻桩间的弦长进行校核。

五、技术要求

(1)依据规范:JTG C10—2007《公路勘测规范》。

(2)仪器应严格对中、整平，气泡偏离不得超过一格，地面点标志不得超出圈外。

(3)计算取位正确:角度保留到秒。

(4)检核点的横向误差不超过 0.1 m,纵向误差不超过 $L/1\,000$。

(5)能正确画出放样示意图。

六、注意事项

(1)计算测设数据时要细心。曲线要素经复核无误后才可计算主点桩号,主点桩号经复核无误后才可计算各桩的测设数据,各桩的测设数据经复核无误后才可进行测设。

(2)在计算各桩的测设数据 x、y 时,注意不要用错计算公式。

(3)曲线加桩的测设是在主点桩测设的基础上进行的,因此测设主点桩时要十分细心。

(4)在丈量切线长、外距、x、y 时,尺身要水平。

(5)当 y 值较大时,用十字方向架定垂线方向一定要细心,否则会产生较大的误差。

(6)平曲线的闭合差一般不得超过以下规定:

半径方向:± 0.1 m;

切线方向:$\pm \frac{L}{1\,000}$,L 为曲线长。

(7)当时间较紧时,应在实训前计算好测设曲线所需的数据,不能在实训中边算边测,以防时间不够或出错。

七、项目考核

(一)知识考核(40%)

(1)写出切线支距法放样缓和曲线部分的计算公式,并简述其优缺点。

(2)写出切线支距法放样圆曲线部分的计算公式,并简述其优缺点。

(3)叙述切线支距法放样综合曲线的工作步骤。

(二)技能考核(40%)

1. 仪器使用(60%)

在 2 分钟内完成整平仪器、观测、记录计算者为“优秀”;2～3 分钟完成上述操作者为“良好”;3～5 分钟完成上述操作者为“合格”。

优秀权重为 1;良好权重为 0.8;合格为 0.6;不合格为 0.4。

2. 成果(40%)

在规定时间内完成测量成果,且完全满足要求,成果干净无误者为“优秀”;在规定时间内完成测量成果,精度合乎要求,且无错误者为“良好”;能完成测量成果,但不够规范者为“合格”;其余为“不合格”。

优秀权重为 1;良好权重为 0.8;合格为 0.6;不合格为 0.4。

(三)态度考核(20%)

1. 爱护仪器(30%)

发生以下问题之一者扣除其分值。

(1)领取仪器不认真检查者。

(2)测量过程中不按操作规程操作仪器者。

(3)测量结束后不认真整理仪器者。

2. 团队协作(20%)

发生以下问题之一者扣除其分值。

(1)不主动承担任务者。

(2)工作中不能认真配合者。

(3)不服从指挥者。

3. 职业道德(50%)

发生以下问题之一者扣除其分值。

(1)篡改测量数据者。

(2)记录不规范者。

测量实训报告(实训七)

姓名__________ 学号 ________ 班级________ 指导教师__________ 日期__________

[实训名称]

[目的与要求]

[仪器和工具]

[主要步骤]

[观测数据及测设方案]

见表 7-1。

[体会及建议]

[教师评语]

表 7-1 切线支距法测设综合曲线数据手簿

交点号		交点桩号	

	盘位	目 标	水平度盘读数	半测回右角值	右 角	转 角
转角观测结果	盘左					
	盘右					

曲线要素	R(半径) =	α(转角) =	L_s(缓和曲线长)=	P(切线内移量) =
	m(切垂距) =	β_0(切线偏角) =	x_0(HY/YH)=	y_0(HY/YH)=
	T(切线长)=	E(外矢距)=	L(曲线总长)=	D(切曲差)=

主点桩号	ZH 桩号:	HY 桩号:
	QZ 桩号:	
	YH 桩号:	HZ 桩号:

	测 段	桩 号	曲线长/m	x /m	y /m	备 注
各中桩的测设数据	ZH ～HY					
	HY～QZ					

续表

	测　段	桩　号	曲线长/m	x /m	y /m	备　注
各中桩的测设数据	HZ～YH					
	YH～QZ					
实习场地布置草图						

实训八　竖曲线的测设

一、任务与场地

(一)任务

(1)计算竖曲线的曲线要素。

(2)计算各细部点的坡道高程和曲线高程。

(3)每组采用全站仪测设出竖曲线上各桩点的高程，每隔 5 m 测设一个点。

(二)场地

线路测量实训场。

二、仪器设备与已知数据

(1)实训室：工程测量实训室。

(2)仪器设备：每组水准仪 1 台(套)，棱镜 1 对，木桩若干根，斧头 1 把。

(3)已知数据：变坡点的里程为 K3＋135.12 m，其高程为 125.123 m，相邻坡段的坡度 $i_1=+3.1\%$，$i_2=+1.1\%$，竖曲线半径 $R=4\,000$ m，每隔 5 m 测设一个点。

三、目的

(1)掌握竖曲线测设的数据计算方法。

(2)会测设竖曲线。

四、要点及流程

(一)要点

(1)计算测设数据。

(2)利用水准仪测设竖曲线。

(二)流程

(1)计算竖曲线要素 T、L 和 E。

(2)推算竖曲线上各点的桩号。

曲线起点桩号＝变坡点桩号－竖曲线的切线长。

曲线终点桩号＝曲线起点桩号＋竖曲线长。

(3)根据竖曲线上细部点距曲线起点(或终点)的弧长，求相应的 y 值，然后，按下式求得各点高程

$$H_i=H_{坡}\pm y_i$$

式中，H_i 为竖曲线细部点 i 的高程；$H_{坡}$ 为细部点 i 的坡段高程。当竖曲线为凹形时，式中取“＋”；竖曲线为凸形时，式中取“－”。

(4)从变坡点沿路线方向向前或向后丈量切线长 T，分别得竖曲线的起点和终点。

(5)由竖曲线起点(或终点)起,沿切线方向每隔 5 m 在地面上标定一木桩(竖曲线上一般每隔 5 m 测设一个点)。

(6)测设各个细部点的高程,在细部点的木桩上标明地面高程与竖曲线设计高程之差(即挖或填的高度)。

五、技术要求

(1)依据规范:JTG C10—2007《公路勘测规范》。

(2)仪器应严格对中、整平,气泡偏离不得超过一格,地面点标志不得超出圈外。

(3)计算取位正确:角度保留到秒。

(4)放样点精度为 5 cm。

(5)检核边长理论值与实际值之差小于 5 cm。

六、项目考核

(一)知识考核(40%)

(1)竖曲线放样后能够像圆曲线或带有缓和曲线的圆曲线那样,清楚地看见吗?为什么?

(2)竖曲线能用偏角法测设吗?竖曲线的分类有几种?

(3)讨论全站仪放样竖曲线的方法。

(二)技能考核(40%)

1. 仪器使用(60%)

在 2 分钟内完成整平仪器、观测、记录计算者为"优秀";2~3 分钟完成上述操作者为"良好";3~5 分钟完成上述操作者为"合格"。

优秀权重为 1;良好权重为 0.8;合格为 0.6;不合格为 0.4。

2. 成果(40%)

在规定时间内完成测量成果,且完全满足要求,成果干净无误者为"优秀";在规定时间内完成测量成果,精度合乎要求,且无错误者为"良好";能完成测量成果,但不够规范者为"合格";其余为"不合格"。

优秀权重为 1;良好权重为 0.8;合格为 0.6;不合格为 0.4。

(三)态度考核(20%)

1. 爱护仪器(30%)

发生以下问题之一者扣除其分值。

(1)领取仪器不认真检查者。

(2)测量过程中不按操作规程操作仪器者。

(3)测量结束后不认真整理仪器者。

2. 团队协作(20%)

发生以下问题之一者扣除其分值。

(1)不主动承担任务者。

(2)工作中不能认真配合者。

(3)不服从指挥者。

3. 职业道德(50%)

发生以下问题之一者扣除其分值。

(1)篡改测量数据者。

(2)记录不规范者。

测量实训报告(实训八)

姓名__________ 学号 ________ 班级________ 指导教师__________ 日期__________

[实训名称]

[目的与要求]

[仪器和工具]

[主要步骤]

[测设数据计算]

表 8-1 竖曲线各桩点高程计算表 单位:m

桩号	至起点或终点的平距	高程改正值	坡道高程	竖曲线高程	备　注

[体会及建议]

[教师评语]

实训九　水深测量

一、任务

(1)测深线布设。
(2)测深仪的安装、GPS 的参数设置。
(3)每组测设出 3 条测深线的水深，沿测深线每 5 m 布设一测深点。
(4)编辑水下地形图。

二、仪器设备与已知数据

(1)实训室:工程测量实训室。
(2)仪器设备:每组测深仪 1 台(套)、GPS 3 台(套),水深大于 5 m 的一水域,测深船 1 只。
(3)已知数据:湖区水位高程为 68.250 m。

三、目的

(1)熟悉测深仪的部件名称、功能及使用方法。
(2)会借助测深仪进行水深测量。

四、要点及流程

(一)要点

测深仪的操作。

(二)流程

(1)测深仪的安置。
(2)测深仪与 GPS 的连接。
(3)测深仪参数的设置。
(4)沿测深线采集数据。

五、技术要求

(1)依据规范:SL 197—97《水利水电工程测量规范》。
(2)换能器不能露出水面。
(3)测深仪参数设置要正确。
(4)为防止换能器受浪花的影响,测深仪应安置在距离船头 1/3 船长处。
(5)每 5～10 m 布设一条测深线,5～10 m 测一个水下地形点。

六、项目考核

(一)知识考核(40%)

(1)简述水位测设要求,水位换算的方法和步骤。

(2)简述测深仪测深原理,并说明测深仪安装要求。

(3)网上查阅测深仪的型号、性能及使用时注意事项。

(二)技能考核(40%)

1. 仪器使用(60%)

在2分钟内完成整平仪器、观测、记录计算者为“优秀”;2～3分钟完成上述操作者为“良好”;3～5分钟完成上述操作者为“合格”。

优秀权重为1;良好权重为0.8;合格为0.6;不合格为0.4。

2. 成果(40%)

在规定时间内完成测量成果,且完全满足要求,成果干净无误者为“优秀”;在规定时间内完成测量成果,精度合乎要求,且无错误者为“良好”;能完成测量成果,但不够规范者为“合格”;其余为“不合格”。

优秀权重为1;良好权重为0.8;合格为0.6;不合格为0.4。

(三)态度考核(20%)

1. 爱护仪器(30%)

发生以下问题之一者扣除其分值。

(1)领取仪器不认真检查者。

(2)测量过程中不按操作规程操作仪器者。

(3)测量结束后不认真整理仪器者。

2. 团队协作(20%)

发生以下问题之一者扣除其分值。

(1)不主动承担任务者。

(2)工作中不能认真配合者。

(3)不服从指挥者。

3. 职业道德(50%)

发生以下问题之一者扣除其分值。

(1)篡改测量数据者。

(2)记录不规范者。

测量实训报告(实训九)

姓名__________　学号________　班级________　指导教师__________　日期__________

［实训名称］

［目的与要求］

［仪器和工具］

［主要步骤］

［观测数据记录计算］

表 9-1　水深测量记录手簿　单位:m

测深点号	水位	水深	水下地形点高程	备　注

［体会及建议］

［教师评语］

实训十　水库库容计算

一、任务与场地

(一)任务

图 10-1 为某库区的勘测地形图。已知大坝 MN 的溢洪道的设计高程为 89 m，其中方格网的边长为 5 mm，试完成下列训练任务。

(1)确定并计算水库的淹没面积。

(2)计算相邻两等高线间(82～84 m)的库容。

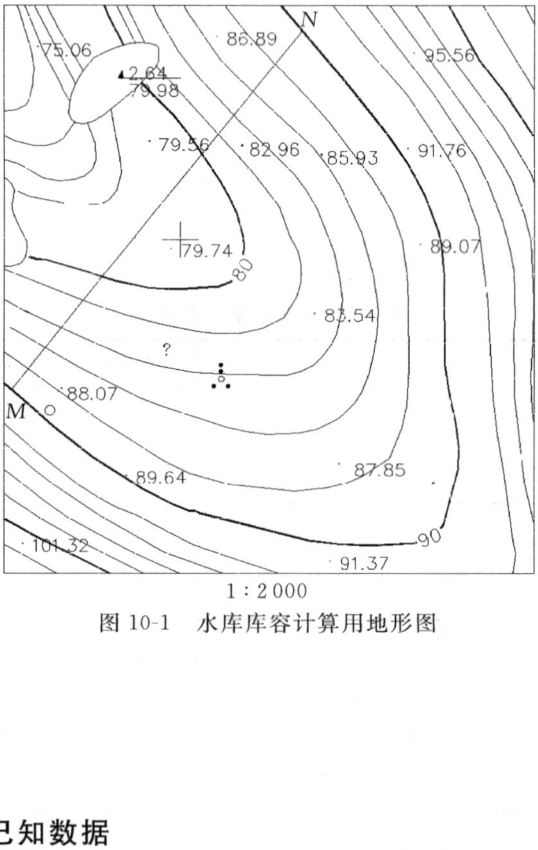

1∶2 000

图 10-1　水库库容计算用地形图

每人分别计算两次。

(二)场地

工程测量实训室。

二、仪器设备与已知数据

(1)实训室:工程测量实训室。

(2)每人最小刻度为毫米的刻度尺 1 把，计算器 1 个，计算用纸若干张。

(3)地形图的比例尺为 1∶2 000，库底高程为 79.74 m。

三、目的

(1)学会应用分割法计算淹没面积。

(2)学会计算水库库容。

四、要点及流程

(一)要点

分割线尽量接近高程线的形状。

(二)流程

(1)用分割法计算坝体 *MN* 和各条等高线所围成的闭合区域面积。

(2)计算相邻两条等高线之间的体积,其和即为总库容。

五、技术要求

(1)依据规范:SL 197—97《水利水电施工测量规范(规划阶段)》。

(2)两次计算的库容较差小于 5%。

六、计算与检核数据

(1)第一次计算时,坝体 *MN* 和 82 m 等高线所围成的闭合区域面积为__________ m^2,和 84 m 等高线所围成的闭合区域面积为__________ m^2,相邻两等高线所围成的库容为__________ m^3。

(2)第二次计算时,坝体 *MN* 和 82 m 等高线所围成的闭合区域面积为__________ m^2,和 84 m 等高线所围成的闭合区域面积为__________ m^2,相邻两等高线所围成的库容为__________ m^3。

(3)两次计算的库容较差为________%。

七、项目考核

(一)知识考核(40%)

(1)简述水库库容与地形图比例尺的关系。

(2)简述汇水面积线的绘制方法。

(3)简述坐标法计算面积公式中各符号的含义,并举例说明。

(二)技能考核(40%)

1. 仪器使用(60%)

在 2 分钟内完成整平仪器、观测、记录计算者为“优秀”;2～3 分钟完成上述操作者为“良好”;3～5 分钟完成上述操作者为“合格”。

优秀权重为 1;良好权重为 0.8;合格为 0.6;不合格为 0.4。

2. 成果(40%)

在规定时间内完成测量成果,且完全满足要求,成果干净无误者为“优秀”;在规定时间内完成测量成果,精度合乎要求,且无错误者为“良好”;能完成测量成果,但不够规范者为“合格”;其余为“不合格”。

优秀权重为 1;良好权重为 0.8;合格为 0.6;不合格为 0.4。

(三)态度考核(20%)

1. 爱护仪器(30%)

发生以下问题之一者扣除其分值。

(1)领取仪器不认真检查者。

(2)测量过程中不按操作规程操作仪器者。

(3)测量结束后不认真整理仪器者。

2. 团队协作(20%)

发生以下问题之一者扣除其分值。

(1)不主动承担任务者。

(2)工作中不能认真配合者。

(3)不服从指挥者。

3. 职业道德(50%)

发生以下问题之一者扣除其分值。

(1)篡改测量数据者。

(2)记录不规范者。

八、上交资料

实训结束后将测量技能训练报告以小组为单位装订成册上交,测量技能训练报告见下页。

测量实训报告(实训十)

姓名__________　学号 ________　班级________　指导教师__________　日期__________

[实训名称]

[目的与要求]

[仪器和工具]

[主要步骤]

[数据处理]

1. 第一次计算时,坝体 MN 和 82 m 等高线所围成的闭合区域面积为__________ m^2,和 84 m 等高线所围成的闭合区域面积为__________ m^2,相邻两等高线所围成的库容为__________ m^3。

2. 第二次计算时,坝体 MN 和 82 m 等高线所围成的闭合区域面积为__________ m^2,和 84 m 等高线所围成的闭合区域面积为__________ m^2,相邻两等高线所围成的库容为__________ m^3。

3. 两次计算的库容较差为________%。

[体会及建议]

[教师评语]

实训十一　已知距离和已知角度测设

一、任务与场地

(一)任务

(1)改化数据计算。

(2)已知角度放样。

(3)已知距离放样。

(二)场地

单项技能实训场。

二、仪器设备与已知数据

(1)实训室:工程测量实训室。

(2)仪器设备:每组钢尺 1 把,经纬仪 1 台,木桩 2 根,斧头 1 把,铁钉 2 根。

(3)已知数据:已知 A、B 桩位,放样角度为 35°,已知距离为 26.23 m。

三、目的

(1)通过本次实训巩固所学知识。

(2)掌握方向、距离改化计算。

(3)掌握已知距离和已知角度放样的方法。

四、要点及流程

(一)要点

(1)严格对中整平仪器。

(2)精确照准目标。

(3)使用盘左、盘右放样已知角度。

(4)保证测量精度。

(二)流程

(1)如图 11-1 所示,在 A 点架设仪器,盘左照准 B 点,水平度盘配置为 0°00′00″。

(2)旋转照准部,使水平度盘读数为 35°00′00″。在此方向用钢尺丈量出 26.23 m,定出 C_1 点。

(3)倒转望远镜,盘右,照准 B 点,读数 $\alpha_{右}$,旋转照准部,使水平度盘读数为$\alpha_{右}+35°$,在此方向上量出 26.23 m,放样出 C_2 点。

(4)取 C_1 点和 C_2 点的中点作为 C 点。

(5)检核。

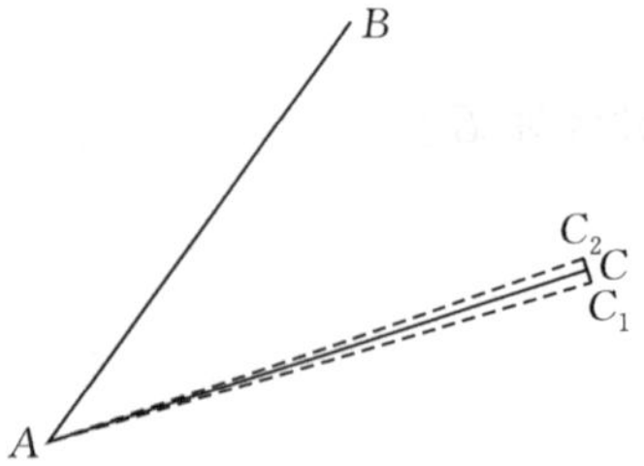

图 11-1　已知水平角测设

五、技术要求

(1)依据规范:GB 50026—2007《工程测量规范》。

(2)仪器应严格对中、整平,气泡偏离不得超过一格,地面点标志不得超出圈外。

(3)放样点精度为 5 cm。

(4)检核长度理论值与实际值之差小于 5 cm。

(5)检核角度理论值与实际值之差小于 1′。

六、测设点检核

(1)全站仪在 A 点设站,以 B 点为后视,测量 $\angle BAC_{测}=$________,$D_{AC测}=$________ m。

(2)角度误差 $\angle BAC_{测}-35°00'00''=$________,距离误差 $D_{AC测}-26.23\ \text{m}=$_______ m。

七、项目考核

(一)知识考核(40%)

(1)简述测设与测定的区别。

(2)要求放样的角度或长度非常精确时应采取什么办法?并叙述精确测设过程。

(3)当需要在高低不平的地面上进行长度放样时,应加入什么改正?

(二)技能考核(40%)

1. 仪器使用(60%)

在 2 分钟内完成整平仪器、观测、记录计算者为"优秀";2～3 分钟完成上述操作者为"良好";3～5 分钟完成上述操作者为"合格"。

优秀权重为 1;良好权重为 0.8;合格为 0.6;不合格为 0.4。

2. 成果(40%)

在规定时间内完成测量成果,且完全满足要求,成果干净无误者为"优秀";在规定时间内完成测量成果,精度合乎要求,且无错误者为"良好";能完成测量成果,但不够规范者为"合格";其余为"不合格"。

优秀权重为 1;良好权重为 0.8;合格为 0.6;不合格为 0.4。

(三)态度考核(20%)

1. 爱护仪器(30%)

发生以下问题之一者扣除其分值。

(1)领取仪器不认真检查者。

(2)测量过程中不按操作规程操作仪器者。

(3)测量结束后不认真整理仪器者。

2. 团队协作(20%)

发生以下问题之一者扣除其分值。

(1)不主动承担任务者。

(2)工作中不能认真配合者。

(3)不服从指挥者。

3. 职业道德(50%)

发生以下问题之一者扣除其分值。

(1)篡改测量数据者。

(2)记录不规范者。

测量实训报告(实训十一)

姓名__________ 学号________ 班级________ 指导教师__________ 日期__________

[实训名称]

[目的与要求]

[仪器和工具]

[主要步骤]

[数据处理]

(1) 全站仪在 A 点设站,以 B 点为后视,测量 $\angle BAC_{测}=$_______,$D_{AC测}=$________ m。

(2) 角度误差 $\angle BAC_{测}-35°00'00''=$________,距离误差 $D_{AC测}-26.23\ \text{m}=$_______ m。

[体会及建议]

[教师评语]

实训十二　高程放样

一、任务与场地

在工程建筑施工中，需要测设由设计所指定的高程，例如，在场地平整、基坑开挖、确定坡度和定桥台桥墩的设计标高等场合，用水准仪进行高程测设是工程单位广泛使用的方法。通过本实训，可以使同学们掌握用水准仪测设高程的方法，为今后解决专业工作中的问题打下基础。

(一)任务

(1)计算放样数据。

(2)每组测设 2 个点。

(3)坡度放样：测设一条给定的坡度线。

(4)检查。

(二)场地

测量综合实训场。

二、仪器设备与已知数据

(1)实训室：工程测量实训室。

(2)仪器设备：每组 S3 水准仪 1 台(套)，水准尺 1 对，木桩 2 根，油漆 1 桶。

(3)已知数据：$H_A=72.123$ m，放样点 P_1 的高程为设计高程 $H_{P_1}=73.678$ m，P_2 的设计高程 $H_{P_2}=73.327$ m；设计坡度为 1%。

三、目的

(1)掌握高程放样的数据计算方法。

(2)掌握高程放样的方法和坡度放样的方法。

四、要点及流程

(一)要点

(1)如图 12-1 所示，在 A、P_1 点间架设仪器，照准 A 点，求出本站视线高 $H_i=H_A+\alpha_1$，而 P_1 点中丝读数＝视线高 $-H_{P_1}$。

(2)照准 P_1 点，上下移动水准尺，使中丝读数 $b_1=H_A+a_1-H_{P_1}$，则水准尺底端即为待放样高程，用油漆标定。

(3)重复步骤(1)、(2)，放样出 P_2 点。

(4)坡度放样，如图 12-2 所示。

(5)放样高程检核。

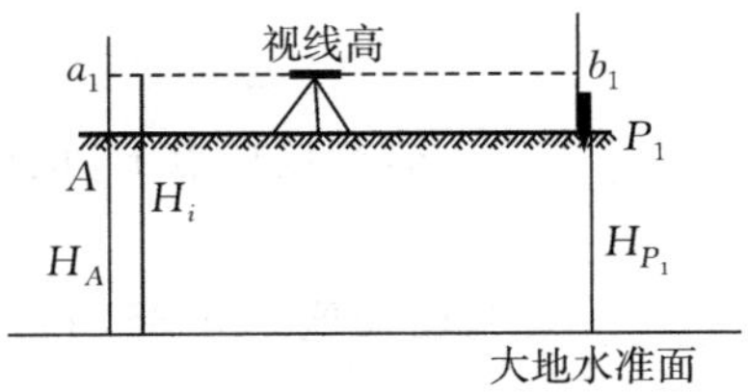

图 12-1　视线高法测设已知高程

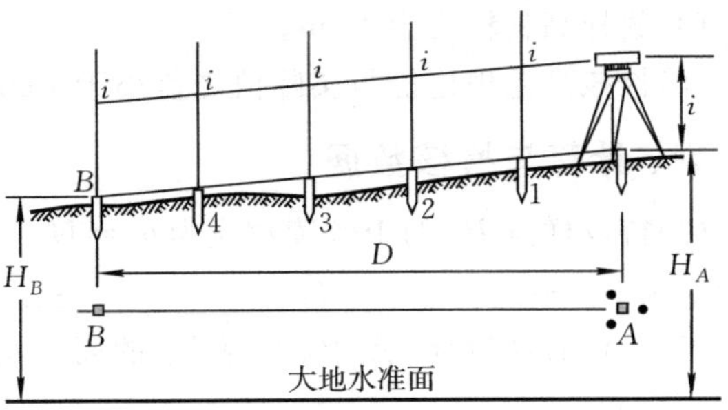

图 12-2　已知坡度测设

(二)流程

1. 用水准仪进行高程的测设

(1)在离给定的已知高程点 A 与待测点 P(可在墙面上,也可在给定位置钉大木桩上)距离适中位置架设水准仪,在 A 点上竖立水准尺。

(2) 仪器整平后,瞄准 A 尺读取的后视读数 a;根据 A 点高程 H_A 和测设高程计算靠在所测设处的 P 点桩上的水准尺上的前视读数应该为

$$b = H_A + a - H_P$$

(3) 将水准尺紧贴 P 点木桩侧面,水准仪瞄准 P 尺读数,靠桩侧面上下移动调整 P 尺,当观测得到的 P 尺的前视读数等于计算所得 b 时,沿着尺底在木桩上画线,即为测设(放样)的高程 H_P 的位置。

(4)将水准尺底面置于设计高程位置,再次作前后视观测,进行检核。

(5)同法可在其余各点桩上测设同样高程的位置。

2. 用水准仪进行坡度线的测设

欲从 A 到 B 测设距离 D 为 50 m,设计坡度为 1%的坡度线,规定每隔 10 m 打一木桩。

(1) 从 A 点开始,沿 AB 方向量距、打桩并依次编号。

(2) 设起点为 A 位于坡度线上,其高程为 H_A,根据设计的坡度和 AB 两点间的水平距离 D 计算出 B 点高程:$H_B = H_A + 0.01D$,并用测设已知高程点的方法将 B 点的位置测设出来。

(3) 安置水准仪于 A 点,使一个脚螺旋位于 AB 方向上,另两个脚螺旋的连线与 AB 垂直,量取仪器高 i。

(4)用望远镜瞄准 B 点上的水准尺,旋动位于 AB 方向上的脚螺旋,使视线对准尺上读数 i 处。

(5) 不改变视线,依次立尺于各桩顶,轻轻打桩,待尺上读数恰好为 i 时,桩顶即位于设计的坡度线上。

当地面起伏稍大时,不能将桩顶打在坡度线上,此时,可读取水准尺上的读数,然后计算出各中间点的填、挖高度:填、挖高度 = 水准尺读数 $- i$,计算结果“+”表示填,“−”表示挖。

当地面坡度较大时,应使用经纬仪进行测设。

五、技术要求

(1)依据规范:GB 50026—2007《工程测量规范》。

(2)仪器应严格整平,对于自动安平水准仪,气泡不得超出圈外;对于微倾式水准仪,符合水准器气泡两端的影像应严格吻合。

(3)计算放样数据正确。

(4)放样高程精度为1 cm。

(5)检核高差理论值与实际值之差小于1 cm。

六、计算与检核数据

(1)待放样点P_1的中丝读数应为$b_1=H_A+a_1-H_{P_1}=$________m,待放样点P_2的中丝读数应为$b_2=H_A+a_2-H_{P_2}=$________m。

(2)测设后经检查,点P_1与点P_2的高差$h_{P_1-P_2}=$________。与已知值−0.351 m相差________mm。

七、项目考核

(一)知识考核(40%)

(1)什么是视线高?高程放样与高程测量实质是否相同?

(2)简述高程放样过程。

(3)简述高程放样的注意事项。

(4)简述坡度放样方法。

(二)技能考核(40%)

1. 仪器使用(60%)

在2分钟内完成整平仪器、观测、记录计算者为"优秀";2~3分钟完成上述操作者为"良好";3~5分钟完成上述操作者为"合格"。

优秀权重为1;良好权重为0.8;合格为0.6;不合格为0.4。

2. 成果(40%)

在规定时间内完成测量成果,且完全满足要求,成果干净无误者为"优秀";在规定时间内完成测量成果,精度合乎要求,且无错误者为"良好";能完成测量成果,但不够规范者为"合格";其余为"不合格"。

优秀权重为1;良好权重为0.8;合格为0.6;不合格为0.4。

(三)态度考核(20%)

1. 爱护仪器(30%)

发生以下问题之一者扣除其分值。

(1)领取仪器不认真检查者。

(2)测量过程中不按操作规程操作仪器者。

(3)测量结束后不认真整理仪器者。

2. 团队协作(20%)

发生以下问题之一者扣除其分值。

(1)不主动承担任务者。

(2)工作中不能认真配合者。

(3)不服从指挥者。

3. 职业道德(50%)

发生以下问题之一者扣除其分值。

(1)篡改测量数据者。

(2)记录不规范者。

测量实训报告(实训十二)

姓名__________　学号________　班级________　指导教师__________　日期__________

[实训名称]

[目的与要求]

[仪器和工具]

[主要步骤]

[放样数据记录计算]

表 12-1　高程测设记录手簿

测站	已知水准点		后视读数/(° ′ ″)	视线高程/m	待测设点		前视尺应有读数/(° ′ ″)	填挖数/m	检测	
	点号	高程/m			点号	设计高程/m			实际读数/(° ′ ″)	误差/m

[体会及建议]

[教师评语]

实训十三　建筑物基础正负零的测设

一、任务与场地

(一)任务

(1)理解建筑物“正负零”的含义。

(2)计算放样数据。

(3)每组测设 2 个标高水准点。

(二)场地

综合测量实训场。

二、仪器设备与已知数据

(1)实训室:工程测量实训室。

(2)仪器设备:每组 S3 水准仪 1 台(套),水准尺 1 对,木桩 2 根,油漆 1 桶。

(3)已知数据:已知水准点高程为 $H_A=72.123$ m,正负零点 P_1 的设计高程 $H_{P_1}=73.678$ m,标高水准点 P_2 的设计高程 $H_{P_2}=73.327$ m。

三、目的

(1)理解建筑物基础“正负零”的含义。

(2)会测设建筑物基础“正负零”。

四、要点及流程

(一)要点

(1)建筑物基础位置的设计高程称为建筑物基础“正负零”。

(2)正确计算放样数据。

(3)能用水准仪正确放样出建筑物的“正负零”位置。

(二)流程

(1) 在 A、P_1 点间架设仪器,照准 A 点,求出本站视线高,P_1 点中丝读数=视线高$-H_{P_1}$,如图 13-1 所示。

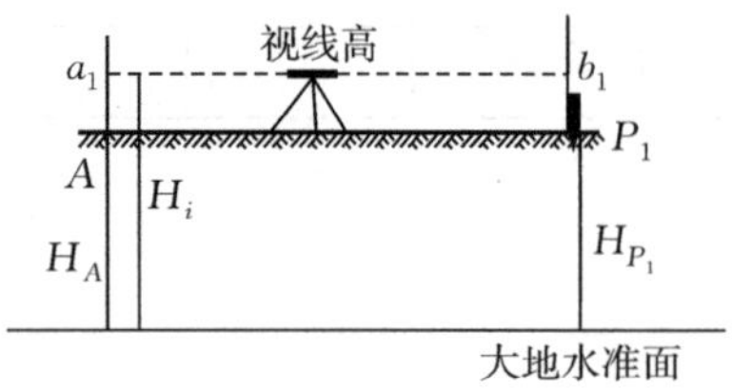

图 13-1　正负零测设

(2) 照准 P_1 点,上下移动水准尺,使中丝读数 $b_1=H_A+a_1-H_{P_1}$,则水准尺底端即为待放样高程,用油漆标定。

(3)重复步骤(1)、(2),放样出 P_2 点。

(4)放样高程检核。

五、技术要求

(1)依据规范:GB 50026—2007《工程测量规范》。

(2)仪器应严格整平,对于自动安平水准仪,气泡不得超出圈外;对于微倾式水准仪,符合水准器气泡两端的影像应严格吻合。

(3)计算放样数据正确。

(4)放样高程精度为 1 cm。

(5)检核高差理论值与实际值之差小于 1 cm。

六、计算与检核数据

(1) 待放样点 P_1 的中丝读数应为 $b_1 = H_A + a_1 - H_{P_1} =$ ________ m,待放样点 P_2 的中丝读数应为 $b_2 = H_A + a_2 - H_{P_2} =$ ________ m。

(2) 测设后经检查,点 P_1 与点 P_2 的高差 $h_{P_1-P_2} =$ ________。与已知值 −0.351 m 相差 ________ mm。

七、项目考核

(一)知识考核(40%)

(1)建筑物“正负零”放样与高程放样的实质是否一样?

(2)测设建筑物“正负零”的意义?

(3)简述测设“正负零”的工作过程。

4. 简述坡度放样方法。

(二)技能考核(40%)

1. 仪器使用(60%)

在 2 分钟内完成整平仪器、观测、记录计算者为“优秀”;2～3 分钟完成上述操作者为“良好”;3～5 分钟完成上述操作者为“合格”。

优秀权重为 1;良好权重为 0.8;合格为 0.6;不合格为 0.4。

2. 成果(40%)

在规定时间内完成测量成果,且完全满足要求,成果干净无误者为“优秀”;在规定时间内完成测量成果,精度合乎要求,且无错误者为“良好”;能完成测量成果,但不够规范者为“合格”;其余为“不合格”。

优秀权重为 1;良好权重为 0.8;合格为 0.6;不合格为 0.4。

(三)态度考核(20%)

1. 爱护仪器(30%)

发生以下问题之一者扣除其分值。

(1)领取仪器不认真检查者。

(2)测量过程中不按操作规程操作仪器者。

(3)测量结束后不认真整理仪器者。

2. 团队协作(20%)

发生以下问题之一者扣除其分值。

(1)不主动承担任务者。

(2)工作中不能认真配合者。

(3)不服从指挥者。

3. 职业道德(50%)

发生以下问题之一者扣除其分值。

(1)篡改测量数据者。

(2)记录不规范者。

测量实训报告(实训十三)

姓名__________　学号________　班级________　指导教师__________　日期__________

[实训名称]

[目的与要求]

[仪器和工具]

[主要步骤]

[放样数据记录计算]

表 13-1　高程测设记录

测站	已知水准点		后视读数/(° ′ ″)	视线高程/m	待测设点		前视尺应有读数/(° ′ ″)	填挖数/m	检测	
	点号	高程/m			点号	设计高程/m			实际读数/(° ′ ″)	误差/m

画出测设 1、2 点的示意图

[体会及建议]

[教师评语]

实训十四　极坐标放样点位

一、任务与场地

(一)任务

(1)放样数据的计算。

(2)每组用全站仪极坐标放样 P 点、Q 点，并进行检核。

(二)场地

单项技能实训场。

二、仪器设备与已知数据

(1)实训室:工程测量实训室。

(2)仪器设备:每组全站仪 1 台、插钎 2 根，计算器 1 个，计算用纸若干张，木桩 3 根，斧头 1 把。

(3)已知数据: A、B 点位及坐标，$A(100,100)$，$B(120,120)$。放样点 P 的坐标为 $P(80,110)$，放样点 Q 的坐标为 $Q(90,95)$。

三、目的

1. 掌握坐标反算的方法。
2. 会用全站仪极坐标放样点位。

四、要点及流程

(一)要点

(1)放样数据计算。

(2)全站仪仪器参数设置，对中、整平。

(3)用全站仪盘左、盘右检查保证点位的正确性。

(4)在放样点上用"×"字或小铁定标定点位。

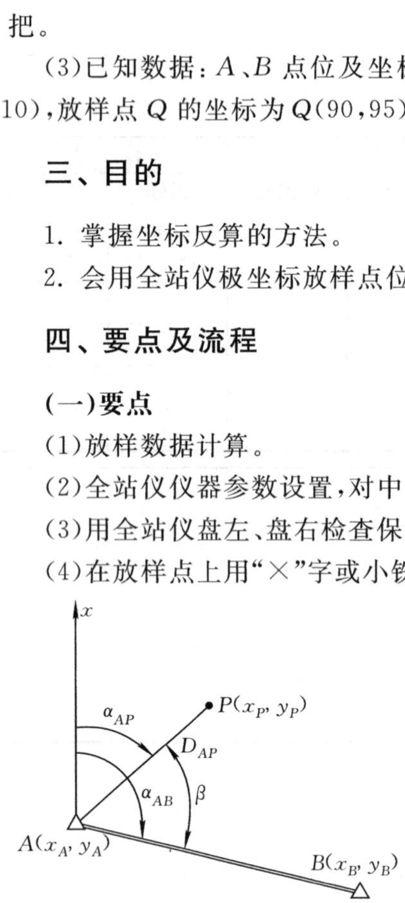

图 14-1　极坐标法测设点位

(二)流程

(1)坐标反算 α_{AB}，α_{AP}，计算出 D_{AP} 和β，即$\angle BAP$。如图 14-1 所示。

(2) 在 A 点安置经纬仪，盘左照准 B 点，配置度盘为 $0°00'00''$，旋转照准部，使水平度盘读数为 $\angle BAP$，在此方向上量出 D_{AP}，放样出 P_1 点。

(3)倒转望远镜，盘右，照准 B 点，读数 $\alpha_{右}$，旋转照准部，使水平度盘读数为 $\alpha_{右} \pm \angle BAP$(正拨为 +，反拨为 −)，在此方向上量出 D_{AP}，放样出 P_2 点。

(4) 取 P_1 点和 P_2 点的中点作为 P 点。

(5) 重复上述步骤(2)、(3)、(4)，放样出 Q 点。

(6)检核。

五、技术要求

(1)依据规范：GB 50026—2007《工程测量规范》。

(2)仪器应严格对中、整平，气泡偏离不得超过一格，地面点标志不得超出圈外。

(3)计算取位正确：距离计算到毫米。

(4)放样点精度为 5 cm。

(5)检核边长理论值与实际值之差小于 5 cm。

六、测设数据及检核

(1)由 A、B、P、Q 点坐标计算出 $D_{AP}=$________，$\alpha_{AB}=$________，$\alpha_{AP}=$________，$\angle BAP=$________，$D_{AQ}=$________，$\alpha_{AQ}=$________，$\angle BAQ=$________，$D_{PQ理}=$________。

(2)由测设出的 P 点、Q 点，测量出 $D_{PQ测}=$________。

(3)测设的点位误差 $D_{PQ测}-D_{PQ理}=$________。

七、项目考核

(一)知识考核(40%)

(1)简述点位放样的方法，并详述一种放样方法的全过程。

(2)思考全站仪坐标放样的方法，并为坐标放样法放样点位做准备。

(3)简述前方交会与侧方交会的区别。

(二)技能考核(40%)

1. 仪器使用(60%)

在 2 分钟内完成整平仪器、观测、记录计算者为“优秀”；2～3 分钟完成上述操作者为“良好”；3～5 分钟完成上述操作者为“合格”。

优秀权重为 1；良好权重为 0.8；合格为 0.6；不合格为 0.4。

2. 成果(40%)

在规定时间内完成测量成果，且完全满足要求，成果干净无误者为“优秀”；在规定时间内完成测量成果，精度合乎要求，且无错误者为“良好”；能完成测量成果，但不够规范者为“合格”；其余为“不合格”。

优秀权重为 1；良好权重为 0.8；合格为 0.6；不合格为 0.4。

(三)态度考核(20%)

1. 爱护仪器(30%)

发生以下问题之一者扣除其分值。

(1)领取仪器不认真检查者。

(2)测量过程中不按操作规程操作仪器者。

(3)测量结束后不认真整理仪器者。

2. 团队协作(20%)

发生以下问题之一者扣除其分值。

(1)不主动承担任务者。

(2)工作中不能认真配合者。

(3)不服从指挥者。

3. 职业道德(50%)

发生以下问题之一者扣除其分值。

(1)篡改测量数据者。

(2)记录不规范者。

测量实训报告(实训十四)

姓名__________　学号________　班级________　指导教师__________　日期__________

[实训名称]

[目的与要求]

[仪器和工具]

[主要步骤]

[数据处理]

画出测设 P、Q 点的示意图

(1) 由 A、B、P、Q 点坐标计算出 $D_{AP}=$________，$\alpha_{AB}=$________，$\alpha_{AP}=$________，$\angle BAP=$________，$D_{AQ}=$________，$\alpha_{AQ}=$________，$\angle BAQ=$________，$D_{PQ理}=$________。

(2) 由测设出的 P 点、Q 点，测量出 $D_{PQ测}=$________。

(3) 测设的点位误差 $D_{PQ测}-D_{PQ理}=$________。

[体会及建议]

[教师评语]

实训十五　直角坐标法放样点位

一、任务与场地

(一)任务

(1)计算点的平面位置的(直角坐标法)放样数据。

(2)用直角坐标法放样点位的方法、步骤。

(二)场地

单项技能实训场。

二、仪器设备与已知数据

(1)实训室:工程测量实训室。

(2)仪器设备:经纬仪、花杆、测钎、皮尺、木桩、计算器、记录板。

(3)已知数据:在现场选定两点 A、B 在一条直线上,将经纬仪安置要 A(65.88,70.33)点,控制边的方位角;建筑物轴线上的 1 点和 2 点的距离为 17.000 m,其设计坐标为:1(35.28,70.33),2(35.28,87.33)。

三、目的

(1)掌握计算点的平面位置的(直角坐标法)放样数据。

(2)掌握直角坐标法放样点位的方法、步骤。

四、要点及流程

(一)要点

(1)按所给的假定条件和数据,先计算出放样要素坐标增量。

(2)根据计算出的放样要素进行测设,要求每组测设 2 个点。

(3)计算完毕和测设完毕后,都必须进行认真地校核。

(二)流程

(1)在现场选定两点 A、B 在一条直线上,将经纬仪安置要 A(65.88,70.33)点,控制边的方位角。

(2)建筑物轴线上的 1 点和 2 点的距离为 17.000 m,其设计坐标为:1(35.28,70.33),2(35.28,87.33)。

(3)计算点 1 和点 2 的放样数据。

(4)进行测设。

(5)检核。

五、技术要求

(1)依据规范:GB 50026—2007《工程测量规范》。

(2)仪器应严格对中、整平,气泡偏离不得超过一格,地面点标志不得超出圈外。

(3)计算取位正确:距离计算到毫米。

(4)放样点精度为 5 cm。

(5)检核边长理论值与实际值之差小于 5 cm。

六、测设数据及检核

测设数据计算:

$\Delta x_1=$________,$\Delta y_1=$________,$\Delta x_2=$________, $\Delta y_2=$________ 。

测设后经检查,点 1 和点 2 的距离 $d_{12}=$____________。与已知值 17.000 m 相差________ mm。

七、项目考核

(一)知识考核(40%)

(1)直角坐标法适用于________________。

(2)在此次测设中,放样 1 点的顺序是:先在________点上安置经纬仪,以________点定向,沿此方向量取________ m,得________。然后将经纬仪搬至________点,以________点为起始方向,拨转 90°角,沿此方向量取________,即得________点。

(二)技能考核(40%)

1. 仪器使用(60%)

在 2 分钟内完成整平仪器、观测、记录计算者为"优秀";2～3 分钟完成上述操作者为"良好";3～5 分钟完成上述操作者为"合格"。

优秀权重为 1;良好权重为 0.8;合格为 0.6;不合格为 0.4。

2. 成果(40%)

在规定时间内完成测量成果,且完全满足要求,成果干净无误者为"优秀";在规定时间内完成测量成果,精度合乎要求,且无错误者为"良好";能完成测量成果,但不够规范者为"合格";其余为"不合格"。

优秀权重为 1;良好权重为 0.8;合格为 0.6;不合格为 0.4。

(三)态度考核(20%)

1. 爱护仪器(30%)

发生以下问题之一者扣除其分值。

(1)领取仪器不认真检查者。

(2)测量过程中不按操作规程操作仪器者。

(3)测量结束后不认真整理仪器者。

2. 团队协作(20%)

发生以下问题之一者扣除其分值。

(1)不主动承担任务者。

(2)工作中不能认真配合者。

(3)不服从指挥者。

3. 职业道德(50%)

发生以下问题之一者扣除其分值。

(1)篡改测量数据者。

(2)记录不规范者。

测量实训报告(实训十五)

姓名＿＿＿＿＿　学号＿＿＿＿　班级＿＿＿＿　指导教师＿＿＿＿＿　日期＿＿＿＿＿

［实训名称］

［目的与要求］

［仪器和工具］

［主要步骤］

［数据处理］

画出测设 1、2 点的示意图

测设数据计算：

$\Delta x_1=$＿＿＿＿，$\Delta y_1=$＿＿＿＿，$\Delta x_2=$＿＿＿＿，$\Delta y_2=$＿＿＿＿。

测设后经检查点 1 和点 2 的距离 $d_{12}=$＿＿＿＿。与已知值 17.000 m 相差＿＿＿＿ mm。

［体会及建议］

［教师评语］

实训十六　全站仪坐标放样

一、任务与场地

(一)任务

(1)全站仪参数设置、设站。

(2)每组用全站仪坐标放样 C 点、D 点。

(3)点位检核。

(二)场地

施工测量实训场。

二、仪器设备与已知数据

(1)实训室:工程测量实训室。

(2)仪器设备:每组全站仪 1 台(套)、棱镜 1 个，木桩 3 根,斧头 1 把。

(3)已知数据: A、B 点位及坐标,A(100,100),B(120,120);欲放样点 C 的坐标为(80,110),D 点的坐标为(90,95)。

三、目的

(1)掌握全站仪坐标放样的操作方法。

(2)会用全站仪坐标放样点位。

四、要点及流程

(一)要点

(1)参数设置。

(2)设站,安置仪器(对中、整平)。

(3)照准目标、消除视差。

(4)保证点位精度。

(二)流程

(1) 在 A 点安置全站仪,照准 B 点,输入已知点坐标和待放样点的坐标,如图 16-1 所示。

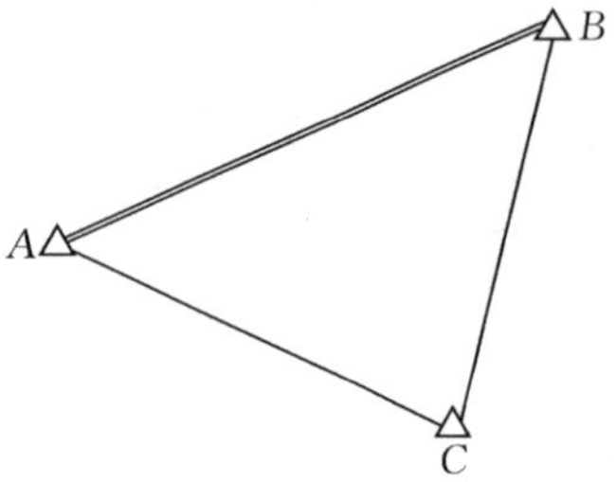

图 16-1　全站仪坐标放样

(2)打开全站仪主菜单,选择坐标放样程序,根据仪器提示,前后左右移动棱镜,直至仪器提示坐标差为 0,定出放样点位。

(3)利用全站仪坐标测量功能测设已放样出的点位,作为检核。

(三)尼康全站仪放样操作步骤

如图 16-2 所示,具体步骤如下。

(1)按[S-O]键，界面如图 16-2(a)所示。

(2)选择[2]进入坐标放样界面，如图 16-2(b)所示，在点号栏内输入放样点的点号，也可以从列表中调入。

如果按[DSP]，界面显示如图 16-2(c)所示。

如果按[MSR2]，界面显示如图 16-2(d)所示。“从 K4 到 K9”表示放样的点号从 K4 点到 K9 共放样 6 个点。

(3)直接输入点号

①如果当前项目中没有输入点的坐标时，仪器界面会显示，要用户输入点 X、Y、Z 坐标及点的代码。界面显示如图 16-2(e)所示。

②如果当前项目中存有该点时则仪器自动调出点坐标，直接进行下面的界面，其中目标点的水平角度差“dHA”和水平距离“HD”。界面显示如图 16-2(f)所示。

(4)旋转仪器照准部，直到“dHA”变成接近 0°0′0″。照准目标再按测量键[MSR1](或[MSR2])，界面显示如图 16-2(g)所示。

(5)放样完成后按回车键记录放样点，输入点号、代码等信息。界面显示如图 16-2(h)所示。

(6)按[ESC]键后可以断续下一个点的放样。

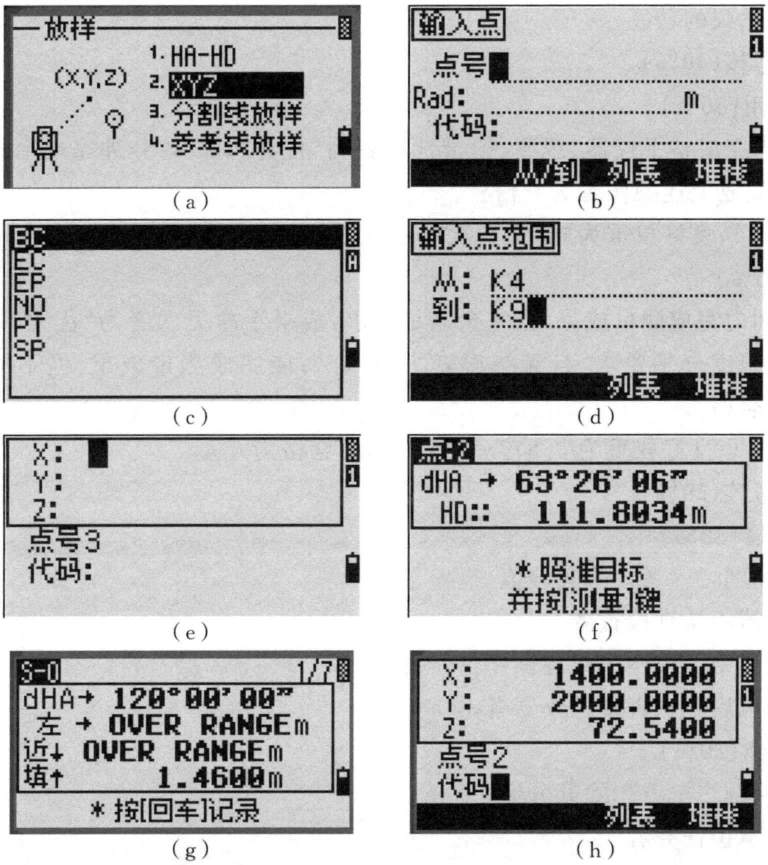

图 16-2　全站仪坐标放样操作步骤

五、技术要求

(1)依据规范:GB 50026—2007《工程测量规范》。

(2)仪器应严格对中、整平,气泡偏离不得超过一格,地面点标志不得超出圈外。

(3)放样点精度为 5 cm。

(4)检核边长理论值与实际值之差小于 5 cm。

六、测设数据及检核

(1) 由 C、D 点坐标计算出 $D_{CD理}=$__________。

(2) 在 C 点设站,由测设出的 C 点、D 点,测量出 $D_{CD测}=$__________。

(3) 测设的点位误差 $D_{CD测}-D_{CD理}=$__________。

七、项目考核

(一)知识考核(40%)

(1)对比极坐标法放样与坐标放样的优缺点。

(2)简述全站仪坐标放样工作步骤。

(3)简述全站仪的功能。

(二)技能考核(40%)

1. 仪器使用(60%)

在 2 分钟内完成整平仪器、观测、记录计算者为“优秀”;2～3 分钟完成上述操作者为“良好”;3～5 分钟完成上述操作者为“合格”。

优秀权重为 1;良好权重为 0.8;合格为 0.6;不合格为 0.4。

2. 成果(40%)

在规定时间内完成测量成果,且完全满足要求,成果干净无误者为“优秀”;在规定时间内完成测量成果,精度合乎要求,且无错误者为“良好”;能完成测量成果,但不够规范者为“合格”;其余为“不合格”。

优秀权重为 1;良好权重为 0.8;合格为 0.6;不合格为 0.4。

(三)态度考核(20%)

1. 爱护仪器(30%)

发生以下问题之一者扣除其分值。

(1)领取仪器不认真检查者。

(2)测量过程中不按操作规程操作仪器者。

(3)测量结束后不认真整理仪器者。

2. 团队协作(20%)

发生以下问题之一者扣除其分值。

(1)不主动承担任务者。

(2)工作中不能认真配合者。

(3)不服从指挥者。

3．职业道德(50％)

发生以下问题之一者扣除其分值。

(1)篡改测量数据者。

(2)记录不规范者。

测量实训报告(实训十六)

姓名__________ 学号 ________ 班级________ 指导教师__________ 日期__________

[实训名称]

[目的与要求]

[仪器和工具]

[主要步骤]

[数据处理]

表 16-1 测设数据计算表

$\Delta x_1 =$	$\Delta y_1 =$
$\Delta x_2 =$	$\Delta y_2 =$

(1) 由 C、D 点坐标计算出 $D_{CD理} =$ ________。

(2) 在 C 点设站,由测设出的 C 点、D 点,测量出 $D_{CD测} =$ ________。

(3) 测设的点位误差 $D_{CD测} - D_{CD理} =$ ________。

[体会及建议]

[教师评语]

实训十七　前方交会法放样点位

一、任务与场地

(一)任务

(1)计算放样数据。

(2)每组用全站仪坐标放样 C 点。

(二)场地

单项技能训练场。

二、仪器设备与已知数据

(1)实训室:工程测量实训室。

(2)仪器设备:每组全站仪 1 台(套)、棱镜 1 个，木桩 4 根,斧头 1 把。

(3)已知数据: A、B 点位及坐标,$A(100,100)$,$B(120,120)$，放样点 C 的坐标为$(80,110)$。

三、目的

(1)掌握前方交会数据的计算方法。

(2)会用全站仪前方交会放样点位。

四、要点及流程

(一)要点

(1)正确计算放样数据。

(2)严格对中、整平仪器。

(3)精确照准目标。

(4)认真放样点位。

(二)流程

(1) 由已知点 A、B 和待放样点C 的坐标,计算方位角 α_{AB}、α_{AC}、α_{BC} 和交会角 β_1、β_2。 如图 17-1 所示。

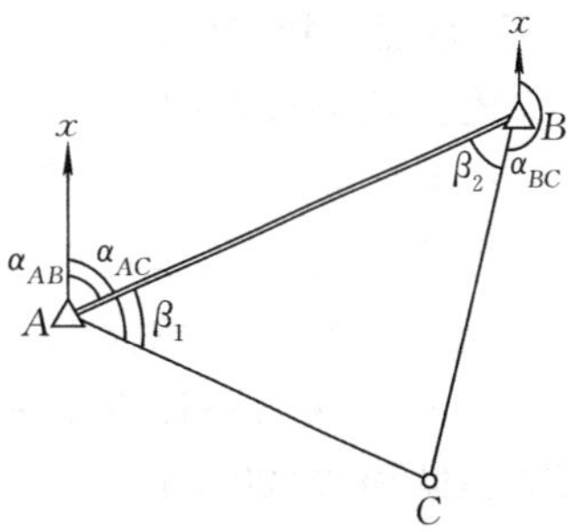

图 17-1　前方交会法测设点位

(2) 在 A 点安置全站仪,照准 B 点,拨角 β_1,定出 AC 方向。

(3) 在 B 点安置全站仪,照准 A 点,拨角 β_2,定出 BC 方向。

(4) AC 方向和BC 方向交会点即为C 点。

(5)检核。

五、技术要求

(1)依据规范:GB 50026—2007《工程测量规范》。

(2)仪器应严格对中、整平,气泡偏离不得超过一格,地面点标志不得超出圈外。

(3)计算取位正确:角度保留到秒。

(4)放样点精度为5 cm。

(5)检核边长理论值与实际值之差小于5 cm。

(6)能正确画出放样示意图。

六、测设数据及检核

(1) 由 A、B、C 点坐标计算出 $D_{AC}=$__________,$\alpha_{AB}=$__________,$\alpha_{AC}=$__________,$\beta_1=$__________,$\alpha_{BC}=$__________,$\beta_2=$__________。

(2)仪器架在放样点上,照准另外一个已知点,检测其实测角度与坐标反算角度,或检测一边长度与实测长度。

七、项目考核

(一)知识考核(40%)

(1)简述什么条件下使用前方交会法放样点位,并举例说明。

(2)简述极坐标法放样点位的原理,自己选择算例写出放样数据计算过程。

(二)技能考核(40%)

1. 仪器使用(60%)

在2分钟内完成整平仪器、观测、记录计算者为"优秀";2~3分钟完成上述操作者为"良好";3~5分钟完成上述操作者为"合格"。

优秀权重为1;良好权重为0.8;合格为0.6;不合格为0.4。

2. 成果(40%)

在规定时间内完成测量成果,且完全满足要求,成果干净无误者为"优秀";在规定时间内完成测量成果,精度合乎要求,且无错误者为"良好";能完成测量成果,但不够规范者为"合格";其余为"不合格"。

优秀权重为1;良好权重为0.8;合格为0.6;不合格为0.4。

(三)态度考核(20%)

1. 爱护仪器(30%)

发生以下问题之一者扣除其分值。

(1)领取仪器不认真检查者。

(2)测量过程中不按操作规程操作仪器者。

(3)测量结束后不认真整理仪器者。

2. 团队协作(20%)

发生以下问题之一者扣除其分值。

(1)不主动承担任务者。

(2)工作中不能认真配合者。

(3)不服从指挥者。

3. 职业道德(50%)

发生以下问题之一者扣除其分值。

(1)篡改测量数据者。

(2)记录不规范者。

测量实训报告(实训十七)

姓名__________ 学号 ________ 班级________ 指导教师__________ 日期__________

[实训名称]

[目的与要求]

[仪器和工具]

[主要步骤]

[数据处理]

表 17-1 测设数据计算表

α_{AB} =
α_{AC} =
$\beta_1 = \alpha_{AC} - \alpha_{AB}$ =
α_{BA} =
α_{BC} =
$\beta_2 = \alpha_{BA} - \alpha_{BC}$ =

(1) 由 A、B、C 点坐标计算出 D_{AC} = ________,α_{AB} = ________,α_{AC} = ________,β_1 = ________,α_{BC} = ________,β_2 = ________。

(2)仪器架在放样点上,照准另外一个已知点,检测其实测角度与坐标反算角度。或检测一边长度与实测长度。

[体会及建议]

[教师评语]

实训十八　高压输电线路的弧垂测量

一、任务与场地

(一)任务

(1)了解高压线路绝缘串子与电压的关系。

(2)每组用全站仪测定两个杆塔之间的弧垂。

(二)场地

市区高压输电线路。

二、仪器设备与已知数据

(1)实训室:工程测量实训室。

(2)仪器设备:每组全站仪 1 台(套),棱镜 1 个。

(3)已知数据:已知水准点高程为 70.230 m。

三、目的

(1)掌握弧垂的计算方法。

(2)会用全站仪测定弧垂。

四、要点及流程

(一)要点

(1)仪器参数设置。

(2)安置仪器;量取仪器高和棱镜高。

(3)悬高测量。

(二)流程

(1)如图 18-1 所示在 A、B 连线中点外适当距离处假设全站仪,量取仪器高。

(2)分别在杆塔 A、杆塔 B 和 A、B 连线中点 C 的正下方设置棱镜,读取各自的水平距离、竖直角,三角高程计算出各点到测站点的高差 h_{OA}、h_{OB}、h_{OC}。

(3)弧垂 $f=h_{OA}-h_{OC}$。如图 18-1 所示。

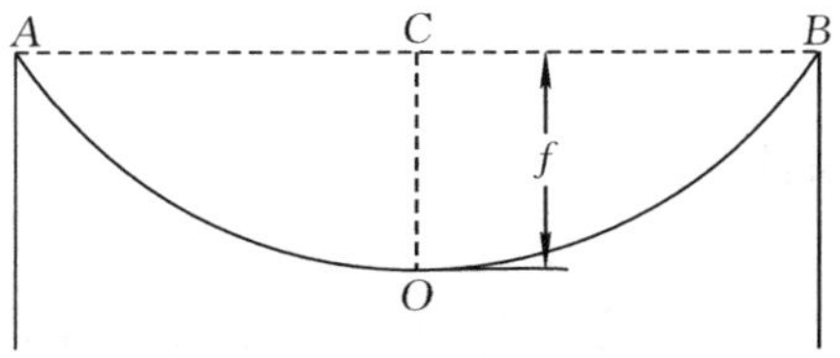

图 18-1　弧垂测设

五、技术要求

(1)依据规范:《高压输电线路施工测量规范》。
(2)仪器应严格整平,气泡偏离不得超过一格。
(3)计算取位正确:角度保留到秒。
(4)弧垂中点的位置精度为 10 cm。
(5)测距相对中误差小于 1/200。

六、项目考核

(一)知识考核(40%)

(1)简述进行弧垂测量的意义。
(2)叙述弧垂测量的工作步骤。

(二)技能考核(40%)

1. 仪器使用(60%)

在 2 分钟内完成整平仪器、观测、记录计算者为“优秀”;2～3 分钟完成上述操作者为“良好”;3～5 分钟完成上述操作者为“合格”。

优秀权重为 1;良好权重为 0.8;合格为 0.6;不合格为 0.4。

2. 成果(40%)

在规定时间内完成测量成果,且完全满足要求,成果干净无误者为“优秀”;在规定时间内完成测量成果,精度合乎要求,且无错误者为“良好”;能完成测量成果,但不够规范者为“合格”;其余为“不合格”。

优秀权重为 1;良好权重为 0.8;合格为 0.6;不合格为 0.4。

(三)态度考核(20%)

1. 爱护仪器(30%)

发生以下问题之一者扣除其分值。
(1)领取仪器不认真检查者。
(2)测量过程中不按操作规程操作仪器者。
(3)测量结束后不认真整理仪器者。

2. 团队协作(20%)

发生以下问题之一者扣除其分值。
(1)不主动承担任务者。
(2)工作中不能认真配合者。
(3)不服从指挥者。

3. 职业道德(50%)

发生以下问题之一者扣除其分值。
(1)篡改测量数据者。
(2)记录不规范者。

测量实训报告(实训十八)

姓名__________　学号 ________　班级________　指导教师__________　日期__________

[实训名称]

[目的与要求]

[仪器和工具]

[主要步骤]

[数据处理]

表 18-1　弧垂测量记录计算手薄　单位:m

序号	观测点	仪器高	棱镜高	悬高	弧垂

[体会及建议]

[教师评语]

实训十九　垂直位移测量

一、任务与场地

(一)任务

(1)水准基点、工作基点和沉降观测点的布点要求。

(2)熟悉沉降测量的工作步骤;掌握限差要求。

(3)每组用 S1 水准仪进行一个基点与一个观测点的垂直位移测量。

(二)场地

变形监测实训场。

二、仪器设备与已知数据

(1)实训室:工程测量实训室。

(2)仪器设备:每组 S1 水准仪 1 台,水准尺 1 对,尺垫 1 对,计算器 1 个,手簿 1 本。

(3)已知数据:已知水准点高程为 72.250 m。

三、目的

(1)掌握垂直位移测量时,基点与观测点的设置要求。

(2)会用 S1 水准仪进行垂直位移测量和数据处理。

四、要点及流程

(一)要点

(1)水准基点的布设应在沉降范围以外,工作基点要尽可能靠近工作区,沉降观测点要布设在最能体现建筑物沉降的地方。

(2)掌握二等水准测量的限差要求。

(3)注意沉降观测的观测方法和观测程序。

(二)流程

由观测点起采用二等水准的作业方法进行观测。

五、技术要求

(1)依据规范:JGJ 8—2007《建筑变形测量规范》。

(2)仪器应严格整平,气泡偏离不得超过一格。

(3)每个工程至少应有 3 个稳固可靠的点作为基准点。

(4)每天观测时,采用相同的观测路线和观测方法。

(5)每天观测时,采用相同的仪器和设备。

(6)每天观测时,采用固定观测人员。

(7)每天观测时，在基本相同的环境和条件下施测。

(8)往返较差、符合或环线闭和差小于或等于 $1.40\sqrt{n}$ 。

(9)检测已测高差较差小于或等于 $2.0\sqrt{n}$ 。

六、项目考核

(一)知识考核(40%)

(1)通过网上查询，叙述沉降位移观测的布点(水准基点、工作基点和沉降观测点)要求。

(2)简述沉降变形监测的工作步骤。

(3)沉降变形资料整理要求。

(二)技能考核(40%)

(1)仪器使用(60%)

在 2 分钟内完成整平仪器、观测、记录计算者为“优秀”；2～3 分钟完成上述操作者为“良好”；3～5 分钟完成上述操作者为“合格”。

优秀权重为 1；良好权重为 0.8；合格为 0.6；不合格为 0.4。

(2)成果(40%)

在规定时间内完成测量成果，且完全满足要求，成果干净无误者为“优秀”；在规定时间内完成测量成果，精度合乎要求，且无错误者为“良好”；能完成测量成果，但不够规范者为“合格”；其余为“不合格”。

优秀权重为 1；良好权重为 0.8；合格为 0.6；不合格为 0.4。

(三)态度考核(20%)

1. 爱护仪器(30%)

发生以下问题之一者扣除其分值。

(1)领取仪器不认真检查者。

(2)测量过程中不按操作规程操作仪器者。

(3)测量结束后不认真整理仪器者。

2. 团队协作(20%)

发生以下问题之一者扣除其分值。

(1)不主动承担任务者。

(2)工作中不能认真配合者。

(3)不服从指挥者。

3. 职业道德(50%)

发生以下问题之一者扣除其分值。

(1)篡改测量数据者。

(2)记录不规范者。

测量实训报告(实训十九)

姓名__________ 学号________ 班级________ 指导教师__________ 日期__________

[实训名称]

[目的与要求]

[仪器和工具]

[主要步骤]

[数据处理]

表 19-1 二等水准测量记录表

测自　　　　至　　　　年　　月　　日　　　　温度：

云量：　　　　风向风速：

天气：　　　　土　质：________　　　　太阳：

测站编号	测点点号	后尺 下丝	前尺 下丝	方向及尺号	标尺读数		基+K减辅 ①−②	备注
		后尺 上丝	前尺 上丝		基本分划 ①	辅助分划 ②		
		后距	前距					
		视距差 d	$\sum d$					
				后				
				前				
				后−前				
				h				
				后				
				前				
				后−前				
				h				
				后				
				前				
				后−前				
				h				
				后				
				前				
				后−前				
				h				

[体会及建议]

[教师评语]

实训二十　水平位移测量

一、任务与场地

(一)任务

(1)水平位移观测点的布设。

(2)每组用全站仪进行一个基点与一个观测点的垂直位移测量。

(二)场地

变形测量实训场。

二、仪器设备与已知数据

(1)实训室:工程测量实训室。

(2)仪器设备:每组 2 秒全站仪 1 台(套),棱镜 1 对,计算器 1 个,手簿 1 本。

(3)已知数据:已知平面和高程控制网的起算数据。

三、目的

(1)掌握水平位移测量时,基点与观测点的设置要求。

(2)会用 2 秒全站仪进行水平位移测量和数据处理。

四、要点及流程

(一)要点

(1)水平位移观测点布设。

(2)水平位移观测。

(3)水平位移观测数据处理。

(4)水平位移观测示意图绘制。

(二)流程

(1)由观测点起采用二等导线作业方法进行观测。

(2)每天观测一次。

五、技术要求

(1)依据规范:JGJ 8—2007《建筑变形测量规范》。

(2)仪器应严格对中、整平,气泡偏离不得超过一格,地面点标志不得超出圈外。

(3)每个工程至少应有三个稳固可靠的点作为基准点。

(4)每天观测时,在基本相同的环境和条件下施测,采用相同的仪器设备、观测路线和观测方法,并固定观测人员。

(5)最弱边相对中误差小于或等于 1/700 000。

六、项目考核

(一)知识考核(40%)

(1)简述水平位移观测要求。

(2)简述水平位移观测的方法、步骤。

(二)技能考核(40%)

1. 仪器使用(60%)

在2分钟内完成整平仪器、观测、记录计算者为“优秀”;2～3分钟完成上述操作者为“良好”;3～5分钟完成上述操作者为“合格”。

优秀权重为1;良好权重为0.8;合格为0.6;不合格为0.4。

2. 成果(40%)

在规定时间内完成测量成果,且完全满足要求,成果干净无误者为“优秀”;在规定时间内完成测量成果,精度合乎要求,且无错误者为“良好”;能完成测量成果,但不够规范者为“合格”;其余为“不合格”。

优秀权重为1;良好权重为0.8;合格为0.6;不合格为0.4。

(三)态度考核(20%)

1. 爱护仪器(30%)

发生以下问题之一者扣除其分值。

(1)领取仪器不认真检查者。

(2)测量过程中不按操作规程操作仪器者。

(3)测量结束后不认真整理仪器者。

2. 团队协作(20%)

发生以下问题之一者扣除其分值。

(1)不主动承担任务者。

(2)工作中不能认真配合者。

(3)不服从指挥者。

3. 职业道德(50%)

发生以下问题之一者扣除其分值。

(1)篡改测量数据者。

(2)记录不规范者。

测量实训报告(实训二十)

姓名__________　学号________　班级________　指导教师__________　日期__________

［实训名称］

［目的与要求］

［仪器和工具］

［主要步骤］

［数据处理］

表 20-1　水平位移观测记录手簿

序号	观测点	坐标/m		变形量/mm
		x	y	

［体会及建议］

［教师评语］

实训二十一　测量任务书的编写

一、任务

每人根据具体的测量任务编写一份测量任务书。

二、目的

(1)掌握测量任务书的编写格式与要求。

(2)会编写测量任务书。

三、编写原则

(1)技术设计方案应先考虑整体而后局部,且顾及发展;要满足用户的要求,重视社会效益和经济效益。

(2)要从作业区实际情况出发,考虑作业单位的实力(人员技术素质和装备情况),挖掘潜力,选择最佳方案。

(3)广泛收集、认真分析和充分利用已有的测绘产品和资料。

(4)积极采用适用的新技术、新方法和新工艺。

四、编写要求

(1)文字要简明扼要,标准已有明确规定的,一般不再重复,对作业中容易混淆和忽视的问题应重点叙述。

(2)采用新技术、新方法和新工艺时,要说明可行性研究或试生产的结果以及达到的精度,必要时可附鉴定证书或试验报告。

(3)名词、术语、公式、符号、代号和计量单位等应与有关法规和标准一致。

五、主要内容

(一)任务概述

任务的名称、来源,作业区范围、地理位置、行政隶属,项目内容,产品种类及形式,任务量,要求达到的主要精度指标,质量要求,完成期限和产品接收单位。

(二)作业区自然地理概况

地理特征、居民地、交通、气候情况和作业区困难类别。

(三)已有资料的利用情况

说明资料中测绘工作完成情况,主要资料情况及评价,利用的可能性和利用方案等设计方案。

(四)主要作业方法和技术规定

(1)特殊的技术要求,采用新技术、新方法、新工艺的依据和技术要求,并进行技术估算或说明。

(2)保证质量的主要措施和要求。

(五)计划安排和经费预算

(1)作业区困难类别的划分。

(2)工作量统计:根据设计方案,分别计算各工序的工作量。

(3)进度计划:根据工作量统计和计划投入生产实力,参照生产定额,分别列出年度进度计划和各工序的衔接计划。

(4)经费预算:根据设计方案和进度计划,参照有关生产定额和成本定额,编制分年度经费和总经费计划,并作必要的说明。

(六)附件

(1)可供利用已有资料清单。

(2)附图、附表。

(3)其他。

实训二十二　测量技术总结的编写

一、任务

每人根据具体的测量任务编写一份测量技术总结。

二、目的

(1)掌握测量技术总结的编写格式与要求。

(2)会编写测量技术总结。

三、编写依据

上级下达任务的文件或合同书;技术设计书,有关法规和技术标准;有关专业的技术总结;测绘产品的检查、验收报告;其他有关文件和材料。

四、编写要求

(1)内容要真实、完整、齐全。对技术方案、作业方法和成果质量应作出客观的分析和评价。对应用的新技术、新方法、新材料和生产的新品种要认真细致地加以总结。

(2)文字要简明扼要,公式、数据和图表应准确,名词、术语、符号、代号和计量单位等均应与有关法规和标准一致。

(3)项目名称应与相应的技术设计书及验收(检查)报告一致。

五、主要内容

(1)测区范围与位置,自然地理条件,气候特点,交通及电讯、供电等情况。

(2)任务来源,测区已有测量情况,项目名称,施测目的和基本精度要求。

(3)施测单位,施测起讫时间,作业人员数量,技术状况,工作量、工日及定额计算。

(4)作业仪器类型、精度以及检验和使用情况。

(5)选点所遇障碍物和环境影响等点位观测条件的评价,埋石与重合点情况。

(6)联测方法、完成各级点数等观测方法要点与补测、重测情况,以及野外作业发生与存在问题的说明。

(7)外业观测数据质量分析与野外数据检核情况。

(8)数据处理方案,所采用的软件和星历。

(9)方案实施与规范执行情况。

(10)上交成果尚存问题和需要说明的其他问题、建议或改进意见。

(11)各种附表与附图。

第二部分　综合技能训练

实训二十三　线路测量

一、任务概述

以学生所在学校内部道路为案例，虚拟设定道路建设项目。

场地要求：实训场地应为狭长地带，长度约有 1.5 km 左右，内部应有高低起伏的地貌特征。

实训内容：测区踏勘、选线，线路控制测量、中线测量，纵横断面测量，土方计算等任务。

纵横断面图比例尺：h 为 1∶50 或 1∶100；L 为 1∶1 000 或 1∶2 000。

二、测区已有资料

（1）学生所在校区 1∶1 000 地形图。

（2）学生所在校区控制点成果表。

（3）学生所在校区控制点点之记。

三、任务完成期限

时间两周。

四、任务预期目标

（1）学生能够掌握公路测量从踏勘、选线，中线测量、纵横断面测量等测量工作的基本知识和理论要求。

（2）学生能够用全站仪任意设站法进行公路中桩（直线段中线桩、曲线段中线桩）测量。会使用全站仪或水准仪进行公路纵横断面图测绘制以及公路施工测量。

五、仪器设备及场地要求

（1）仪器设备：每班全站仪 6 台（套）、水准仪 6 台（套）、斧头 6 把、木桩 250 根、皮尺或绳尺 6 盘。

（2）场地要求：线路测量综合实训场，在该场地内，可选择长 300 m，具有高低起伏的狭长地带作为该项目技能训练的场地。

六、线路测量技术要求

（一）公路勘测设计

公路勘测设计工作分为一阶段设计和二阶段设计两种形式。本次实训采用一阶段设计，进行一次定测。

(二)导线测量

导线的布设、选点应该按 JTJ 061—99《公路测量规范》中的要求进行。具体要求见表 23-1。

表 23-1 导线测量技术要求

两个“半测回角值”/(″)		导线的角度闭合差/(″)	导线的全长相对闭合差
J2	20″	$40''\sqrt{n}$	≤1/2 000
J6	40″		

(三)水准测量

水准测量分为基平测量和中平测量。

(1)基平测量沿线路布设水准点。一般地段每隔 2 km 设立一点，在工程复杂地段 1 km 设立一点，在 300 m 长以上的大桥两端应各设一点。水准点的高程采用一组往返或两组单程水准测量的方法测定，其往返或两组高差不符值不得超过 $30\sqrt{K}$ mm。若与国家水准点联测，组成闭合、附合水准路线，其高差闭合差的允许值为 $30\sqrt{L}$ mm。K、L 取单位以 km 计的数值。

(2)中平测量是测定中桩高程。一般采用单程水准测量，应起闭于基平测量所设立的水准点上。中平测量允许测量闭合差为 $\pm 50\sqrt{L}$ mm，L 取单位以 km 计的数值。

(四)中线测量

(1)线路中线桩距的规定见表 23-2。

表 23-2 线路中线桩距规定 单位：m

直线		曲线			
平原(微丘)	重丘(山岭)	不设超高的曲线	$R>60$	$30<R<60$	$R<30$
50	25	25	20	10	5

(2)本次实训桩距要求见表 23-3。

表 23-3 实训桩距要求 单位：m

直线段		圆曲线段		缓和曲线段	
>300	<100	>100	<100	>50	<50
50	20	20	10	10	5

(五)断链桩的处理

在测量过程中，有时因局部改线或事后发现量距或计算有误，以及在分段测量中，由于假定起始里程不符而造成全线或全段或全段接线里程不连续，以致影响路线的实际长度。这种里程不连续的现象称为“断链”。断链设在百米桩或整桩上为宜，但不应设在桥涵、隧道及平曲线范围内。设置断链的桩即断链桩，桩上应注明断链等式和断链长度。

断链有长链和短链之分。当原路线记录桩号的里程大于地面实际里程时称为“短链”，反之则叫“长链”。断链桩上按等号前、后分别写明来向及去向的里程，并说明长或短的距离。发生断链时，路线总长度＝末桩里程＋$\sum$ 长链－$\sum$ 短链。断链的发生，将给测设和施工带来很多麻烦，因此应尽量避免断链的发生。

(六)圆曲线测设

1. 曲线要素计算

已知曲线半径 R,路线转折角 α。

切线长:$T = R\tan\frac{\alpha}{2}$。

曲线长:$L = \frac{\pi}{180}R\alpha$。

外矢距:$E = R\left(\sec\frac{\alpha}{2} - 1\right)$。

切曲差:$d = 2T - L$。

2. 主点里程计算

设交点桩的里程为 JD,则

直圆点 $ZY_{里程} = JD_{里程} - T$

曲中点 $QZ_{里程} = ZY_{里程} - L/2$

圆直点 $YZ_{里程} = ZY_{里程} + L$

检核:$YZ_{里程} = JD_{里程} + T - q$

3. 偏角法测设圆曲线的细部点

偏角计算:

$$\varphi_1 = \frac{180^\circ}{2\pi R}l_1$$

$$\varphi = \frac{180^\circ}{2\pi R}l$$

$$\varphi_2 = \frac{180^\circ}{2\pi R}l_2$$

$$\delta_1 = \frac{\varphi_1}{2}$$

$$\delta = \frac{\varphi}{2}$$

$$\delta_2 = \delta_1 + \delta$$

$$\vdots$$

$$\delta_n = \delta_1 + (n-1)\delta$$

(七)带有缓和曲线的圆曲线的测设

1. 缓和曲线要素计算

切线长:$T = m + (R + p)\tan\frac{\partial}{2}$。

曲线长:$L = R(\partial - 2\beta_0)\frac{\pi}{180} + 2l_0$。

外矢距:$E = (R + p)\sec\frac{\partial}{2} - R$。

切曲差:$q = 2T - L$。

缓和曲线角：$\beta_0=\frac{l_0}{2R}\rho$。

加入缓和曲线后切线的增长量：$m=\frac{l_0}{2}-\frac{l_0^2}{240R^2}$。

加入缓和曲线后圆曲线相对于切线的内移量：$p=\frac{l_0^2}{24R^2}$。

2. 主点里程计算

直缓点的桩号等于交点桩号减切线长；缓圆点的桩号等于直缓点桩号加切线长；曲中点的桩号等于直缓点桩号加二分之一的曲线长；圆缓点桩号等于缓圆点桩号加圆曲线长；缓直点桩号等于直缓点桩号加曲线长。

3. 缓和曲线上各细部点偏角值的计算

偏角：$i_1=\frac{l_1^2}{6Rl_0}=\frac{1}{3n^2}\beta_0$。

$$i_2=4i_1$$
$$i_3=9i_1$$
$$\vdots$$
$$i_n=n^2i_1$$

缓圆点的偏角：$i_0=\frac{l_0}{6R}=\frac{1}{3}\beta_0$。

4. 缓和曲线的实地测设步骤

(1)在直缓点架设仪器，使度盘为零时望远镜找准切线方向。

(2)拨偏角 i，在视线方向上自 ZH 起量取 L 得曲线上第一点。

(3)拨偏角 $2i$ 自第一点起以 L 定长与视线方向相交，即得曲线第二点。

(4)同理可得缓和曲线上的其他细部点点位。

(5)圆曲线测设：仪器迁至 HY 点，以 (β_0-i_0) 配置度盘(注意：正拨、反拨)后视 ZH，再纵转望远镜。这样，当度盘读数为零度时，视线方向即为 HY 点的切线方向。在实际中，为了便于计算和放样，在根据后视点 ZH 定向时，往往以 $(\beta_0-i_0+\delta_1)$ 配置度盘，此时纵转望远镜后的切线方向读数为 δ_1。放样细部点的方法与圆曲线相同。

(八)竖曲线的测设

(1)变坡角计算

$$\partial=i_1-i_2$$

(2)竖曲线要素计算

切线长：$T=R\tan\frac{\partial}{2}=\frac{1}{2}R(i_1-i_2)$。

曲线长：$L=2T$。

曲线上各点高程及外矢距 E：$y=\frac{x^2}{2R}$，$E=\frac{T^2}{2R}$。

(九)全站仪任意设站法进行线路中桩测量

1. 全站仪设站要求

全站仪任意设站法进行线路中桩测量，首先，要计算出整条线路各里程桩(整里程桩、加桩、百米桩、曲线桩)的坐标;其次,在易安置全站仪的地方进行设站。注意:测站要尽可能地占据有利地形,使视野开阔。

2. **里程桩坐标的计算**

(1)直线段里程桩坐标的计算

$$x_i = x_{起} + (i\ 点里程 - 起点里程)\cos\alpha$$
$$y_i = y_{起} + (i\ 点里程 - 起点里程)\sin\alpha$$

(2)曲线段细部点坐标的计算

圆曲线细部点坐标的计算

$$x_i = x_{zy} + \left(l_i - \frac{l_i^3}{6R^2} + \frac{l_i^5}{120R^4}\right)\cos\alpha_0 + \left(\frac{l_i^2}{2R} - \frac{l_i^4}{24R^3} + \frac{l_i^6}{720R^5}\right)\sin\alpha_0$$
$$y_i = y_{zy} + \left(l_i - \frac{l_i^3}{6R^2} + \frac{l_i^5}{120R^4}\right)\sin\alpha_0 + \left(\frac{l_i^2}{2R} - \frac{l_i^4}{24R^3} + \frac{l_i^6}{720R^5}\right)\cos\alpha_0$$

有缓和曲线的圆曲线的细部点坐标的计算

$$x = x_{zy} + (R\sin\alpha_i + m)\cos\alpha + [(R(1-\cos\alpha_i) + p)]\sin\alpha_0$$
$$y = y_{zy} + (R\sin\alpha_i + m)\sin\alpha + [(R(1-\cos\alpha_i) + p)]\sin\alpha_0$$

七、线路纵横断面测量的技术要求

(一)纵断面测量

纵断面测量应起闭于线路高程点上,高程测至桩标志处的地面,其测量误差应符合表 23-4 中所列的规定。中桩高程应取至厘米。

表 23-4　纵断面测量的技术要求　单位:mm

线路等级	闭合差	两次测量之差
高速公路,一、二级公路	$\leqslant 30\sqrt{L}$	$\leqslant 5$
二级及以下公路	$\leqslant 50\sqrt{L}$	$\leqslant 10$

注:L 为水准路线长度,取单位以 km 计的数值。

(二)横断面测量

横断面测量的宽度应满足路基、路基排水设计、附属物设置等需要为宜。横断面方向应于线路中线的切线方向垂直,横断面中的距离、高差的读数应取至分米,检测较差应符合表 23-5 中所列的规定。

表 23-5　横断面测量的技术要求　单位:m

线路等级	距离	高差
高速公路,一、二级公路	$\leqslant L/100+0.1$	$\leqslant h/100+L/200+0.1$
二级及以下公路	$\leqslant L/50+0.1$	$\leqslant h/50+L/100+0.1$

注:(1) L 为测点至中桩的水平距离,m;

(2) h 为测点至中桩的高差,m。

八、上交的成果

(1)线路选线示意图。

(2)外业测量手簿。

(3)平曲线、竖曲线放样计算成果。
(4)纵横断面图,土方计算成果表。
(5)公路放样数据表。
(6)实训总结。

九、任务安排

任务安排见表 23-6。

表 23-6 任务安排 单位:天

任务领域	实训项目内容及要求	学时	周数
线路测量	实训动员,任务下达,事先指导,规范及指导书学习	0.5	2
	仪器借用,仪器检验	0.5	
	选线测量,纸上定线	0.5	
	定线测量,中线测量,曲线测设	2.5	
	纵横断面测量	2.0	
	纵横断面绘制及土方量计算	1.0	
	水下地形测量	2.0	
	资料整理汇总	0.5	
	技能测试	0.5	
合 计		10.0	

十、实训纪律

(1)在实训期间,要求遵守学校纪律,严禁私自外出游泳、上网、酗酒、打架等,切实保障人身、仪器安全。
(2)认真学习有关资料,独自完成实训内容,不得抄袭他人成果。
(3)一切听从指导教师的指挥,服从组长安排,相互配合。
(4)请假须经指导教师认可,报系办批准。否则按旷课处理,成绩为不及格。

十一、技能考核

(一)知识考核

(1)考核内容:圆曲线元素计算、主点里程计算、偏角计算等。
(2)考核时间:40 分钟。

(二)技能考核

(1)考核内容:利用 GPS-RTK 放样圆曲线主点、细部点测设。
(2)考核时间:40 分钟。
(3)考核标准与评分标准见本书第二部分的技能考核标准。

(三)态度考核

1. 爱护仪器(30%)

发生以下问题之一者扣除其分值。
(1)领取仪器不认真检查者。

(2)测量过程中不按操作规程操作仪器者。

(3)测量结束后不认真整理仪器者。

2. 团队协作(20%)

发生以下问题之一者扣除其分值。

(1)不主动承担任务者。

(2)工作中不能认真配合者。

(3)不服从指挥者。

(4)无故旷课者或迟到者。

3. 职业道德(50%)

发生以下问题之一者扣除其分值。

(1)篡改测量数据者。

(2)记录不规范者。

十二、成绩评定

课程综合实训教学考核采用个人考核和小组考核相结合的方式进行,各实训项目考核采用小组实操考核的方式进行,各实训项目考核成绩按权重计入总成绩,小组考核占总成绩的60%,个人考核占总成绩的40%。

实践教学考核从思想品德与平时表现、知识技能两个方面考核,着重强调学生知识技能情况。

(一)小组考核

小组的思想品德与平时表现主要从热爱祖国、政治态度、道德认识、团队协作、奉公守法、工作态度、考勤及安全几方面考核,满分30分,由实训指导教师按严重问题、次严重问题和一般问题酌情扣分,直至0分。

小组知识技能成绩采用实操考核的方式进行,重点考查小组完成实训项目任务的质量和效率,满分70分,由指导教师按规定赋分评定。小组思想品德与平时表现成绩+小组知识技能考核成绩=课程实训考核小组成绩。

(二)个人考核

个人的思想品德与平时表现主要从热爱祖国、政治态度、道德认识、团队精神、奉公守法、工作态度、考勤及安全几方面考核,满分30分,由实训指导教师按严重问题、次严重问题和一般问题酌情扣分,直至0分。

个人知识技能成绩重点考查学生应知、应会情况,从知识要求、技能要求两方面考核,满分70分,其中,知识要求30分,技能要求40分,由指导教师按规定赋分评定。个人思想品德与平时表现成绩+个人知识技能考核成绩=课程实训考核个人成绩,并按所得分数确定等级。

综合小组考核成绩和个人考核成绩评定每位学生课程综合实训的总成绩,即课程实训考核小组成绩×0.60+课程实训考核个人成绩×0.40=课程综合实训个人总成绩,并按所得分数确定等级。经考核学生成绩可分为五个等级,即优、良、中、及格、不及格。

<table>
<tr><td colspan="8">线路测量实训总结报告书</td></tr>
<tr><td>课程名称</td><td colspan="3">工程测量</td><td>综合训练
项目名称</td><td colspan="3">线路规划测量</td></tr>
<tr><td>工作任务</td><td colspan="3">道路测量项目</td><td>训练时间</td><td>2 周</td><td>任务性质</td><td>必修</td></tr>
<tr><td>班级</td><td></td><td>学生姓名</td><td></td><td>学习时段</td><td colspan="3">日　时　分～　日　时　分</td></tr>
<tr><td colspan="8">1. 综合技能训练项目概述
（时间、场地、组织、仪器设备等情况）

2. 训练内容
（引用规范、技术要求；踏勘、选线（控制网布设）、施测、数据处理等）

3. 训练遇到的问题
（训练中出现的问题、解决办法）

</td></tr>
</table>

续表

4. 训练评价 （从知识、技能和素质三方面进行评价）
5. 意见和建议

实训二十四　水下地形测量实训项目

一、任务概述

以学生所在校区内的景观湖或附近湖泊为案例设计水下地形测量实训任务。

场地要求：实训场地占地面积约13万平方米，湖上桥梁纵横，两岸绿树成荫，湖岸周围应有一定的起伏，但高差不宜过大，以便于测量作业。

实训内容：测区踏勘、平面控制和高程控制测量、水位测量、测深线、测深点的布设和水深测量。

水下地形图测绘比例尺：建议为1∶500。

二、测区已有资料

(1) 收集学生所在校区1∶1 000地形图。

(2) 学生所在校区控制点成果。

(3) 学生所在校区控制点点之记。

三、任务完成期限

时间一周。

四、任务预期目标

(1)学生能够掌握水位、水深测量以及水下地形图测绘的基本知识。

(2)学生能够借助GPS、测深仪以及水下地形测量软件进行水下地形图的测绘工作。

五、仪器设备及场地要求

(1)仪器设备：每班全站仪6台(套)，水准仪6台(套)，测深仪2台(套)(含GPS)，斧头6把，木桩30根，皮尺或绳尺6盘。

(2)场地要求：水下地形测量实训场，水面积具有200亩左右，且水下具有一定起伏的坑塘或湖泊作为该项目技能训练场地。

六、水下地形测量技术要求

(1)依据规范：SL 197—97《水利水电测量规范》。

(2)平面坐标系统和高程、图幅分幅和等高距的选择应与陆地地形测量一致，便于相互衔接。

(3)测深点定位可根据不同情况和条件选择以下方法。

测角前方交会法：交会边长不大于1 km，交会角宜在20°～150°之间，交会方向不少于3个。

自动跟踪全站仪极坐标法：适用于水面较宽、精度要求较高的水域。

GPS 实时插分定位方法：适用于范围广泛广阔的江、河、湖、泊，定位中误差不应超过±1.0 m。

(4)本次技能训练采用 GPS 实时插分定位与测深仪配合的方法完成。

(5)水下地形测量应满足工程的施工设计、工程量计算及竣工验收的要求。

(6)水深测量应符合表 24-1 和表 24-2 所列的规定。

表 24-1　航道测量图上测深线间距规定　单位：cm

测量项目	重点水域	一般水域	检查测量
图上测深线间距	1.0～1.5	1.5～2.0	1.0～1.5

表 24-2　断面线上图上测深点最大距离　单位：cm

测量仪器 / 测量项目	测深仪	测深杆或测深锤
大桥、特大桥重点水域	1.0	1.0
大桥、特大桥一般水域	1.0～1.5	1.0
一般断面	3.5～4.0	1.5

七、仪器设备使用安装要求

(一)回声测深仪安装要求

(1)换能器是测深仪的主要部分，不得震动或碰撞换能器，测深前不得在陆地上开机，以防损坏换能器。

(2)换能器应与一适当长度的钢管相连，电缆线从管内穿过，把钢管固定在船的舷外；通常离船首的距离约为船艇总长的 1/3 处，以免受船首的分水浪花形成的气泡对声波传播速度形成一定的影响。

(3)换能器吃水深度一般为 0.3～0.8 m，其长轴应平行于船艇的轴线。

(二)测深仪检测

为了保证测深成果可靠，在测前测后，甚至作业中间都要对测深仪进行检测。检测通常用比测法进行。

比测法：测船行驶在水流平稳，河床平坦，质地较硬的水深为 5 m 的河流中，用测深仪与测深杆同时分别测量水深，当两者之差不超过±0.1 m 时，即可认为测深成果可靠，回声测深仪的技术性能正常。

八、上交的成果

(1)测深线布设示意图。

(2)外业测量记录手簿。

(3)水深测量成果。

(4)水下地形图(纸质或电子图件)。

(5)实训总结。

九、任务安排

任务安排见表24-3。

表24-3 任务安排

任务领域	实训项目内容及要求	学时/天	周数/周
水下地形测量	实训动员,任务下达,规范及指导书学习	0.5	1
	仪器借用,仪器检验	0.5	
	岸上控制测量	1.0	
	水位测量、水下地形测量	2.0	
	资料整理汇总	0.5	
	技能测试	0.5	
合计		5.0	

十、实训纪律

(1)在实训期间,要求遵守学校纪律,严禁私自外出游泳、上网、酗酒、打架等,切实保障人身、仪器安全。

(2)认真学习有关资料,独自完成实训内容,不得抄袭他人成果。

(3)一切听从指导教师的指挥,服从组长安排,相互配合。

(4)请假须经指导教师认可,报系办批准,否则按旷课处理,成绩为不及格。

十一、技能考核

(一)知识考核

(1)考核内容:测深线、测深点布设要求;测深定位原理、水位换算、水下地形点高程计算、断面图绘制等。

(2)考核实践:40分钟。

(二)技能考核

(1)考核内容:全站仪导线测量、四等水准测量或水深测量等。

(2)考核时间:40分钟。

(3)考核标准与评分标准见本书第二部分的技能考核标准。

(三)态度考核

1.爱护仪器(30%)

发生以下问题之一者扣除其分值。

(1)领取仪器时不认真检查或不认真填写仪器履历表者。

(2)测量过程中不按操作规程操作仪器者。

(3)测量结束后不认真整理仪器者。

2.团队协作(20%)

发生以下问题之一者扣除其分值。

(1)不主动承担任务者。

(2)工作中不能认真配合者。

(3)不服从指挥者。

(4)无故旷课者或迟到者。

3. 职业道德(50%)

发生以下问题之一者扣除其分值。

(1)篡改测量数据者。

(2)记录不规范者。

(3)成果不规范者。

十二、成绩评定

课程综合实训教学考核采用个人考核和小组考核相结合的方式进行,各实训项目考核采用小组实操考核的方式进行,各实训项目考核成绩按权重计入总成绩,小组考核占总成绩的60%,个人考核占总成绩的40%。

实践教学考核从思想品德与平时表现、知识技能两个方面考核,着重强调学生知识技能情况。

(一)小组考核

小组的思想品德与平时表现主要从热爱祖国、政治态度、道德认识、团队协作、奉公守法、工作态度、考勤及安全几方面考核,满分30分,由实训指导教师按严重问题、次严重问题和一般问题酌情扣分,直至0分。

小组知识技能成绩采用实操考核的方式进行,重点考查小组完成实训项目任务的质量和效率,满分70分,由指导教师按规定赋分评定。小组思想品德与平时表现成绩+小组知识技能考核成绩=课程实训考核小组成绩。

(二)个人考核

个人的思想品德与平时表现主要从热爱祖国、政治态度、道德认识、团队精神、奉公守法、工作态度、考勤及安全几方面考核,满分30分,由实训指导教师按严重问题、次严重问题和一般问题酌情扣分,直至0分。

个人知识技能成绩重点考查学生应知、应会情况,从知识要求、技能要求两方面考核,满分70分,其中,知识要求30分,技能要求40分,由指导教师按规定赋分评定。个人思想品德与平时表现成绩+个人知识技能考核成绩=课程实训考核个人成绩,并按所得分数确定等级。

综合小组考核成绩和个人考核成绩评定每位学生课程综合实训的总成绩,即课程实训考核小组成绩×0.60+课程实训考核个人成绩×0.40=课程综合实训个人总成绩,并按所得分数确定等级。经考核学生成绩可分为五个等级,即优、良、中、及格、不及格。

<table>
<tr><td colspan="8">水下地形测量实训总结报告书</td></tr>
<tr><td>课程名称</td><td colspan="3">工程测量</td><td>综合训练
项目名称</td><td colspan="3">水下地形测量</td></tr>
<tr><td>工作任务</td><td colspan="3">水下测量项目</td><td>训练时间</td><td>1周</td><td>任务性质</td><td>必修</td></tr>
<tr><td>班级</td><td></td><td>学生姓名</td><td></td><td>学习时段</td><td colspan="3">日　时　分～　日　时　分</td></tr>
<tr><td colspan="8">1. 综合技能训练项目概述
（时间、场地、组织、仪器设备等情况）

2. 训练内容
（引用规范、技术要求；踏勘、选线（控制网布设）、施测、数据处理等）

3. 训练遇到的问题
（训练中出现的问题、解决办法）</td></tr>
</table>

续表

4. 训练评价 （从知识、技能和素质三方面进行评价）
5. 意见和建议

实训二十五　建筑工程测量

一、任务概述

以学生所在校区×××小区为案例进行项目设计和任务安排。

实训场地要求：占地面积约6万平方米，已实现了“三通一平”，地势平坦，便于测量作业。

实训内容：测区踏勘、施工控制网的布设与施测、放样数据计算、建筑物的定位放线；龙门桩的设置；建筑物基坑开口线的放线、检查验收等。

二、测区已有资料

(1) 收集学生所在校区×××小区1∶1 000地形图。

(2) 收集学生所在校区×××小区控制点成果。

(3) 收集学生所在校区×××小区控制点点之记。

三、任务完成期限

时间两周。

四、任务预期目标

建筑施工测量训练是项目教学和单项实训之后的一门独立的集中实践教学环节。目的在于进一步巩固和加深建筑施工测量基本理论和基本方法的理解和掌握，并使之系统化、整体化。

(1)学生能够掌握施工测量的基本原理和测量数据的计算方法。

(2)学生能够借助水准仪、全站仪或GPS等测量仪器进行建筑物定位放线，龙门板测设等测量工作。

(3)学生能够把握大型水利枢纽工程从控制网布设、施测、施工、竣工等测量工作的过程。

(4)学生能够具有严谨的科学态度和工作作风。

五、仪器设备及场地要求

(1)仪器设备：每班全站仪6台(套)，水准仪6台(套)，斧头6把，木桩50根，钢尺6盘，多功能计算器6个。

(2)场地要求：建筑施工测量实训场，100 m×200 m的平坦场地。

六、建筑施工测量技术要求

依据规范：GB 50026—2007《工程测量规范》。

(一)平面控制测量

(1)建筑场地大于1 km^2 或重要工业区，宜建立相当于一级导线精度的平面控制网。

(2)建筑施工场地小于 1 km^2 或一般性建筑区,可根据需要建立相当于二、三级导线精度的平面控制网。

(3)当原有控制网作为厂区控制网时,应进行复测检查。

(4)建筑方格网的主要技术要求,见表 25-1。

表 25-1　建筑方格网的主要技术要求

等级	边长/m	测角中误差/(″)	边长相对中误差
Ⅰ	100～300	5	≤1/30 000
Ⅱ	100～300	8	≤1/20 000

(5)角度测量的主要技术要求,见表 25-2。

表 25-2　角度测量的主要技术要求

方格网等级	仪器型号	测角中误差/(″)	测回数	半测回归零差/(″)	一测回中两倍照准差变动范围/(″)	各测回方向较差/(″)
Ⅰ级	DJ1	5	2	≤6	≤9	≤6
	DJ2	5	3	≤8	≤13	≤9
Ⅱ级	DJ2	8	2	—	≤18	≤12

(二)高程控制测量

(1)场区的高程控制网,应布设成闭合环线、附合路线或节点网型;高程控制测量的精度,不宜低于三等水准测量的精度。

(2)场地水准点的间距,宜小于 1 km;场地水准点距离建(构)筑物不宜小于 25 m,距离回填土边线不宜小于 15 m。

(3)建筑物高程控制的水准点,可单独埋设在建筑物的平面控制网的标桩上,也可利用场地附近的水准点,其间距离宜在 200 m 左右。

(4)当施工中水准点标桩不能保存时,应将其高程引测至稳定的建(构)筑物上,引测的精度,不应低于原有水准的等级要求。

(三)施工放样

(1)施工放样前应具备下列资料:总平面图、建筑物的设计与说明、建(构)筑物的轴线平面图、建筑物的基础平面图等。

(2)在施工的建(构)筑物外围,应建立线板或控制桩,线板应注记中心线编号,并测设标高,线板和控制桩应注意保存。

(3)施工测量人员在大型设备基础浇注过程中,应及时看守观测,当发现位置及标高与施工要求不符时,应立即通知施工人员,及时处理。

(4)建筑物施工放样的主要技术要求,见表 25-3。

表 25-3　建筑物施工放样的主要技术要求

建筑物结构特征	测距相对中误差	测角中误差/(″)	在测站上测定高差中误差/mm	根据起始水平面在施工水平面上测定高程中误差/mm	竖向传递轴线点中误差/mm
金属结构、装配式钢筋混凝土结构，建筑物高度 100～120 m 或跨度 30～36 m	1/20 000	5	1	6	4
15 层房屋，建筑物高度 60～100 m 或跨度 18～30 m	1/10 000	10	2	5	3
5～15 层房屋，建筑物高度 15～60 m 或跨度 6～18 m	1/5 000	20	2.5	4	2.5
5 层房屋，建筑物高度 15 m 或跨度 6 m 以下	1/3 000	30	3	3	2
木结构、工业管线或公路铁路专用线	1/2 000	30	5	—	—
土木竖向整平	1/1 000	45	10	—	—

七、水工建筑物施工测量

水工建筑物施工测量采用现场教学方式完成，依据规范 SL 197—97《水利水电工程测量规范》。

现将水工建筑物施工测量技术要求编列如下，以供学生现场教学或参观参考。

(1)平面控制网宜按两级布设。控制点的相临点点位中误差，不应大于 10 mm。

(2)高程控制网的等级，应依次为二、三、四、五等。首级网的等级应符合表 25-4 所列规定。

表 25-4　首级网的等级要求

工程规模	混凝土建筑物	土石建筑物
大型工程	二、三等	三等
中型工程	三等	四等

(3)高程控制测量的最低级控制点相对于首级控制点的高程中误差，对于混凝土建筑物不大于 10 mm，对于土石建筑物不应大于 20 mm。

(4)当水工建筑物施工放样时，立摸、填筑轮廓点测量的允许偏差，应符合表 25-5 所列要求。

(5)用于立摸、填筑放样的高程控制点，其精度不应低于四等。

(6)当高层建筑物采用混凝土浇筑及预制构件拼装时，竖向测量的允许偏差，应符合表 25-6 所列要求。

表 25-5　立摸、填筑轮廓点测定点位中误差　　单位：mm

建筑材料	建筑物名称	在控制点上测定点位中误差	
		平面	高程
混凝土	主坝、厂房等各种主要水工建筑物	20	20
	各种导墙及井洞衬砌	25	20
	副坝、护坡	30	30
土石料	碾压式坝(堤)边线等	40	30
	各种坝(堤)内设施定位等	50	30

表 25-6　竖向测量的允许偏差　　单位：mm

工程项目	相对两层对接中心线相对偏差	相对基础中心线的偏差	累计偏差
厂房等的各种构架、立柱	±3	$H/2\ 000$	±20
闸墩、栈桥墩、厂房等的侧墙	±5	$H/1\ 000$	±30
筛分楼、堆料、高排架等	±5	$H/1\ 000$	±35

注：H 为建(构)筑物的高度，mm。

八、测设数据

(一)建筑基线测设

指导教师可根据场地的具体情况，设计具体数据。学生每人在自绘的地形图上设计建筑基线一条，注明三个主点的坐标。首先根据自己设计的建筑基线进行放样数据计算；然后根据控制点用极坐标法进行建筑基线放样。

(二)建筑物定位

如图 25-1 所示，利用已有的一段建筑基线 A、B，测设一民用建筑物的轴线于地面，并将室内地平标高于现场，室内地平标高为 35.5 m。控制点数据和设计数据如图 25-1 所示，其中，$H_A=38.213$ m。

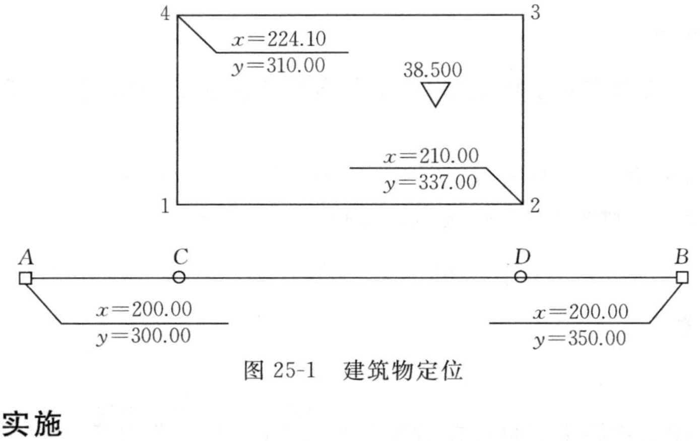

图 25-1　建筑物定位

九、组织与实施

(1)组长要切实负责，合理安排，使每人都有练习的机会，不要单纯追求进度；组员之间应团结协作,密切配合,以确保综合实训任务顺利完成。

(2)实训过程中,应严格遵守《学生守则》中的有关规定。

(3)实训前要做好准备,随着实训进度阅读教材的有关章节。

(4)每一项测量工作完成后,要及时计算、整理观测成果,原始数据、资料、成果应妥善保存,不得丢失。

十、上交的成果

(1)建筑施工控制测量成果。

(2)外业观测记录。

(3)建筑物放样数据计算成果。

(4)建筑物放样示意图。

(5)高程放样数据,检验数据。

(6)实训小结及日志。

十一、任务安排

任务安排见表 25-7。

表 25-7 任务安排 单位:天

序号	内容	时间
1	实训动员,任务下达,事先指导,规范及指导书学习	0.5
2	仪器借用,仪器检验	0.5
3	建筑物定位放线,龙门板测设,基坑开挖口放线	1.0
4	基坑开挖高程测设,垫层轴线投测及检验测量,墙体施工测量	1.0
5	内控法或外控法轴线投测及标高传递	1.0
6	垂直度、平整度检验测量	1.0
7	现场教学(参观实训)	4.0
8	技能测设	1.0
合计		10.0

十二、实训纪律

(1)在实训期间,要求遵守学校纪律,严禁私自外出游泳、上网、酗酒、打架等,切实保障人身、仪器安全。

(2)认真学习有关资料,独自完成实训内容,不得抄袭他人成果。

(3)一切听从指导教师的指挥,服从组长安排,相互配合。

(4)请假须经指导教师认可,报系办批准,否则按旷课处理,成绩为不及格。

十三、技能考核

(一)知识考核

(1)考核内容:建筑物施工测量控制数据计算、施工放样数据计算。

(2)考核时间:40 分钟。

(二)技能考核

(1)考核内容:全站仪或 GPS-RTK 放样建筑物。

(2)考核时间:40 分钟。

(三)态度考核

1. 爱护仪器(30%)

发生以下问题之一者扣除其分值。

(1)领取仪器时不认真检查或不认真填写仪器履历表者。

(2)测量过程中不按操作规程操作仪器者。

(3)测量结束后不认真整理仪器者。

2. 团队协作(20%)

发生以下问题之一者扣除其分值。

(1)不主动承担任务者。

(2)工作中不能认真配合者。

(3)不服从指挥者。

(4)无故旷课者或迟到者。

3. 职业道德(50%)

发生以下问题之一者扣除其分值。

(1)篡改测量数据者。

(2)记录不规范者。

(3)成果不规范者。

(四)考核说明

(1)每人抽签决定抽查考核项目之一进行考核。

(2)考核过程中任何人不得提示,各人应独立完成仪器操作、记录、计算及校核工作。

(3)主考人有权随时检查是否符合操作规程及技术要求,但应相应折减所影响的时间。

(4)若有作弊行为,一经发现一律按零分处理,不得参加补考。

(5)考核前考生应准备好钢笔或圆珠笔、计算器,考核者应提前找好扶尺人。

(6)考核时间自架立仪器开始,至递交记录表为终止。

(7)考核仪器水准仪为自动安平水准仪(精度与 DS3 型相当),经纬仪为 DJ2 型。

(8)数据记录、计算及校核均填写在相应记录表中,记录表不可用橡皮擦修改,记录表以外的数据不作为考核结果。

(9)主考人应在考核结束前检查并填写经纬仪对中误差及水准管气泡偏差情况,水准仪的圆水准气泡、补偿指标线不脱离小三角形情况,在考核结束后填写考核所用时间并签名。

十四、成绩评定

课程综合实训教学考核采用个人考核和小组考核相结合的方式进行,各实训项目考核采用小组实操考核的方式进行,各实训项目考核成绩按权重计入总成绩,小组考核占总成绩的60%,个人考核占总成绩的40%。

实践教学考核从思想品德与平时表现、知识技能两个方面考核,着重强调学生知识技能情况。

(一)小组考核

小组的思想品德与平时表现主要从热爱祖国、政治态度、道德认识、团队协作、奉公守法、工作态度、考勤及安全几方面考核,满分30分,由实训指导教师按严重问题、次严重问题和一般问题酌情扣分,直至0分。

小组知识技能成绩采用实操考核的方式进行,重点考查小组完成实训项目任务的质量和效率,满分70分。由指导教师按规定赋分评定。小组思想品德与平时表现成绩+小组知识技能考核成绩=课程实训考核小组成绩。

(二)个人考核

个人的思想品德与平时表现主要从热爱祖国、政治态度、道德认识、团队精神、奉公守法、工作态度、考勤及安全几方面考核,满分30分,由实训指导教师按严重问题、次严重问题和一般问题酌情扣分,直至0分。

个人知识技能成绩重点考查学生应知、应会情况,从知识要求、技能要求两方面考核,满分70分,其中,知识要求30分,技能要求40分。由指导教师按规定赋分评定。个人思想品德与平时表现成绩+个人知识技能考核成绩=课程实训考核个人成绩,并按所得分数确定等级。

综合小组考核成绩和个人考核成绩评定每位学生课程综合实训的总成绩,即课程实训考核小组成绩×0.60+课程实训考核个人成绩×0.40=课程综合实训个人总成绩,并按所得分数确定等级。经考核学生成绩可分为五个等级,即优、良、中、及格、不及格。

建筑工程测量实训总结报告书

课程名称	工程测量			综合训练项目名称	建筑工程测量		
工作任务	1.建筑基线测量； 2. 建筑物定位与放线			训练时间	2周	任务性质	必修
班级		学生姓名		学习时段	日　时　分～　日　时　分		

1. 综合技能训练项目概述

（时间、场地、组织、仪器设备等情况）

2. 训练内容

（引用规范、技术要求；踏勘、控制测量(控制网布设)、施测、数据处理等）

3. 训练遇到的问题

（训练中出现的问题、解决办法）

续表

4. 训练评价 （从知识、技能和素质三方面进行评价）   5. 意见和建议

实训二十六　工程变形测量

一、任务概述

建筑工程应位于学生所在校区附近。

实训场地要求：建筑高大，地质较复杂，是建筑变形多发地方，同时地势应较为平坦，便于测量作业。

实训内容：变形控制网的布设与施测、变形观测点的布设；变形观测的野外数据采集；变形观测曲线图的绘制；变形观测资料的整编；变形观测报告的编写。

二、测区已有资料

(1)收集×××建筑工程附近1∶1 000地形图。

(2)收集×××建筑工程附近控制点成果。

(3)收集×××建筑工程附近控制点点之记。

三、任务完成期限

时间一周。

四、任务预期目标

(1)知识目标：加深对所学理论知识的理解，能将所学知识运用于工程建设的安全变形监测中。

(2)能力目标：学会进行变形观测点的布设，能进行变形观测的野外数据采集；会绘制变形观测曲线图、变形观测资料的整编和变形观测报告的编写。

五、仪器设备及场地要求

(1)仪器设备：每班全站仪(1″或2″级)6台，测钎12支，钢尺6把，记录板6块，木桩9根，精密水准仪6台，水准尺6对，铁锤6个，小钉若干个。

(2)场地要求：①沉降观测：选择具有明显受力支柱的5～6层楼房为观测对象，周围便于安置仪器和便于观测的场地作为沉降观测场；②倾斜观测：选择高度在50 m左右的烟囱、水塔或高层建筑作为倾斜观测的实训场地。

六、建筑施工测量技术要求

依据规范：GB 50026—2007《工程变形测量规范》。

(一)建筑物变形控制测量

1. 建筑物变形测量基准点与工作基点设置应符合的规定

(1)变形测量的基准点应设置在变形区域以外、位置稳定、易于长期保存的地方，并应定期复测；复测周期应视基准点所在位置的稳定情况确定，在建筑施工过程中宜 1～2 月复测一次；基准点稳定后宜每季度或每半年复测一次；当观测点变形测量成果出现异常，或当测区受到地震、洪水、爆破等外界因素影响时，应及时进行复测。

（2）变形测量基准点的标石、标志埋设后，应达到稳定后方可开始观测，稳定期应根据观测要求与地质条件确定，不宜少于 15 天。

（3）当有工作基点时，每期变形观测时均应将其与基准点进行联测，然后再对观测点进行观测。

（4）变形控制测量的精度级别不低于沉降或位移观测的精度级别。

2. 高程基准点

（1）高程基准点的点数不应少于 3 个。高程工作基准点可根据需要设置，基准点和工作基准点应形成闭合环或形成由附合路线构成的节点网。

（2）高程基准点和工作基准点应避开交通干道主路、地下管线、仓库堆栈、水源地、河岸、松软填土、滑坡地段，以及其他可能使标石、标志易遭腐蚀和破坏的地方。

（3）高程基准点应选在变形范围以外且稳定、易于长期保存的地方，在建筑区内，其点位与邻近建筑的距离应大于建筑物基础宽度的两倍，其标志埋深应大于临近建筑基础的深度，高程基准点也可选择在基础深且稳定的建筑上。

（4）高程基准点与工作基点之间宜进行水准测量。

（5）水准测量所采用的仪器和标尺见表 26-1。

表 26-1 水准测量所采用的仪器和标尺

级别	使用的仪器型号			标尺类型		
	DS05、DSZ05	DS1、DSZ1	DS3、DSZ3	因瓦尺	条码尺	区格式木制尺
特级	√	×	×	√	√	×
一级	√	×	×	√	√	×
二级	√	√		√	√	×
三级	√	√	√	√	√	√

注：表中“√”表示允许使用；“×”表示不允许使用。

（6）一、二、三等水准测量观测方式见表 26-2。

表 26-2 各等级水准测量观测方式

级别	高程控制测量、工作基准点联测及首次沉降观测			其他各次沉降观测		
	DS05、DSZ05	DS1、DSZ1	DS3、DSZ3	DS05、DSZ05	DS1、DSZ1	DS3、DSZ3
一级	往返测	—	—	往返测或单程双测站	—	—
二级	往返测或单程双测站	往返测或单程双测站	—	单程观测	单程双测站	—
三级	单程双测站	单程双测站	往返测或单程双测站	单程观测	单程观测	单程双测站

（7）水准测量中视线长度、前后视距差和视线高的规定见表 26-3。

表 26-3　各等级水准测量技术要求　单位：m

级别	视线长度	前后视距差	前后视距差累计差	视线高度
特级	≤10	≤0.3	≤0.5	≥0.8
一级	≤30	≤0.7	≤1.0	≥0.5
二级	≤50	≤2.0	≤3.0	≥0.3
三级	≤75	≤5.0	≤8.0	≥0.2

注：(1)表中的视线高度为下丝读数；

(2)当采用数字水准仪测量时，最短视线长度不宜小于 3.0 m，最低水平视线高度不应低于 0.6 m。

(8)水准观测限差的规定见表 26-4。

表 26-4　各等级水准测量的限差规定　单位：mm

级别		基辅分划读数之差	基辅分划所测高差之差	往返较差及附合或环线闭合差	单程双测站所测高差较差	检测已测测段高差之差
特级		0.15	0.2	$\leqslant 0.1\sqrt{n}$	$\leqslant 0.07\sqrt{n}$	$\leqslant 0.15\sqrt{n}$
一级		0.3	0.5	$\leqslant 0.3\sqrt{n}$	$\leqslant 0.2\sqrt{n}$	$\leqslant 0.45\sqrt{n}$
二级		0.5	0.7	$\leqslant 1.0\sqrt{n}$	$\leqslant 0.7\sqrt{n}$	$\leqslant 1.5\sqrt{n}$
三级	光学测微法	1.0	1.5	$\leqslant 3.0\sqrt{n}$	$\leqslant 2.0\sqrt{n}$	$\leqslant 4.5\sqrt{n}$
	中丝读数法	2.0	3.0			

注：(1)当采用数字水准仪观测时，对同一尺面的两次读数差不设限差，两次读数所测高差之差的限差执行基辅分划所测高差之差的限差；

(2) n 为测站数。

(9)对水准仪的要求见表 26-5。

表 26-5　各等级水准测量的 i 角规定　单位：(″)

级别	特级	一级	二级	三级
i 角	≤10	≤15	≤15	≤20

3. 平面基准点的布设与测量

(1)各级别位移观测的基准点(含方位定向点)不应少于 3 个，工作基准点可根据需要设置。

(2)基准点、工作基准点应便于检核校验。

(3)当使用 GPS 测量方法进行平面或三维控制测量时，基准点位置还应满足下列要求：①应便于安置接收设备和操作；②视场内障碍物的高度角不宜超过 15°；③应远离电视台、电台、微波站等大功率无线电发射源，其距离应不小于 200 m；离高压输电线路和微波无线电信号传输通道的距离不小于 50 m，附近不应有强烈反射卫星信号的大面积水域、大型建筑以及热源等；④通视条件好，应方便后续采用常规测量手段进行联测。

(4)强制对中的对中误差不应超过 0.1 mm，因此应制作观测墩或埋设专门的观测标石。

(5)平面控制测量的方法：边角测量、导线测量、GPS 测量及三角测量、三边测量等形式。

(6)水平较观测宜采用方向观测法，当方向数不多于 3 个时，可不归零，导线测量中，当导线点上只有两个方向时，应按左右角观测；当导线点上多于两个方向时，应按方向观测法观测。

水平角观测测回数规定见表26-6。

表26-6 各等级水平角观测测回数规定

级别		一级	二级	三级
仪器型号	DJ05	6	4	2
	DJ1	9	6	3
	DJ2	—	9	6

(二)建筑物沉降观测

1. 建筑物沉降观测点的布点与要求

(1)建筑沉降观测应测定建筑及地基的沉降量、沉降差及沉降速度,并根据需要计算基础倾斜、相对弯曲及构件倾斜。

(2)沉降观测点的布设:沉降观测点应布设在最能全面反映建筑及地基变形特征,并顾及地质情况及建筑结构特点。①建筑的四角、核心筒四角、大转角处及沿外墙每10～20 m处或每隔2～3根柱基上;②高低层建筑、新旧建筑、纵横墙等交会处的两侧;③建筑裂缝、后浇带和沉降缝两侧、基础埋深相差悬殊处、人工地基与天然地基的接壤处、不同结构的分界处及填挖方分界处;④对于宽度大于15 m或小于15 m而地质复杂以及膨胀土地区的建筑,应在承重内墙中部设内墙点,并在室内地面中心及四周设地面点;⑤筏形基础、箱形基础底板或接近基础的结构部分致死角处及其中部位置;⑥对于电视塔、烟囱、水塔、油罐、炼油塔、高炉等高耸建筑,应布设在沿周边与基础轴线相交的对称位置上,点数不少于4个。

2. 沉降观测周期和观测时间规定

(1)普通建筑在基础完工后或地下室砌完后开始观测,大型建筑、高层建筑可在基础垫层或基础底部完成后开始观测;观测次数与间隔时间视地基与加荷情况而定。民用建筑每隔1～5层观测一次,一般1～2层观测一次;工业建筑可按回填及坑、安装柱子和屋架、砌筑墙体、设备安装等不同施工阶段分别进行观测。若建筑物均匀增高,应至少在增加荷载的25%、50%、75%和100%时各观测一次。

(2)施工过程中若停工,在停工时及重新开工时应各观测一次,停工期间可每隔2～3个月观测一次。

(3)在观测过程中,若有基础附近地面荷载突然增减、基础四周大量积水、长时间连续降雨等情况,均应及时增加观测次数。当建筑物突然发生大量沉降、不均匀沉降或严重裂缝时,应立即进行逐日或2～3天一次的连续观测。

(4)建筑沉降是否进入稳定阶段,应由沉降量与时间关系曲线判定。当最后100天的沉降速率小于每天0.01～0.04 mm时,可认为已进入稳定阶段。

3. 提交资料

(1)工程平面位置图及基准点分布图。

(2)沉降观测点分布图。

(3)沉降观测成果表。

(4)时间—荷载—沉降量曲线图。

(三)建筑物水平位移观测

(1)建筑物水平位移的观测点的位置应选在墙角、柱基及裂缝两边等处。标志可采用墙上标志，具体形式及其埋设应根据点位条件和观测要求确定。

(2)水平位移观测周期，对于不良地基土地区的观测，可与一并进行的沉降观测协调确定；对于受基础施工影响的有关观测，应按施工进度的需要确定，可逐日或隔日2～3天观测一次，直至施工结束。

(3)观测方法：可使用视准线、激光准直、测小角等方法施测。

(4)提交成果：水平位移观测点布设分布图，水平位移观测成果表，水平位移曲线图。

(四)裂缝观测

(1)裂缝观测应测定建筑上的裂缝分布位置和裂缝的走向、长度、宽度及其变化情况。

(2)对需要观测的裂缝应统一编号。对每条裂缝应至少布设两组观测标志，其中一组应在裂缝的最宽处，另一组应在裂缝的末端。每组应使用两个对应的标志，分别设在裂缝的两侧。裂缝观测标志应具有可供测量的明晰端面或中心。

(3)观测方法：小钢尺或游标卡尺测定，也可用交会法测定裂缝。

(4)观测周期，应根据其裂缝变化速度而定。开始时间可半个月一次，以后一月测一次，当发现裂缝加大时，应及时增加观测次数。

(5)裂缝观测中，裂缝宽度数据应量至0.1 mm，每次观测应绘出裂缝位置、形态和尺寸，注明日期，并拍摄裂缝照片。

(6)提交成果：裂缝位置分布图，裂缝观测成果表，裂缝变化曲线图。

七、成果整理

(1)建筑变形观测在完成记录检查、平差计算和处理分析后，应按下列规定进行成果的整理。①观测记录手簿的内容应完整、齐全；②平差计算过程及成果、图表和各种检验、分析资料应完整、清晰；③使用的图式符号应规格统一、注记清楚。

(2)建筑物变形观测的观测记录、计算资料及技术成果均应由有关责任人签字，技术成果应加盖成果章。

(3)根据建筑变形测量的任务委托方的要求，可按周期或变形发展情况提交下列阶段性成果：①本次或前1～2次观测成果；②与前次观测间的变形量；③本次观测后的累计变形量；④简要说明及分析、建议等。

(4)当建筑变形测量任务全部完成后或委托方需要时，应提交下列综合成果：①技术设计书或施测方案；②变形测量工程的平面位置图；③基准点与观测点分布平面图；④标石、标志规格及埋设图；⑤仪器检验与校正资料；⑥平差计算成果；⑦反映变形过程的图表；⑧技术报告书。

八、技术报告书的编写要求及内容

(1)项目概况：应包括项目来源、观测目的和要求，测区地理位置及周边环境，项目完成的起止时间，实际布设和测定的基准点、工作基点、变形观测点点数和观测次数，项目测量单位、项目负责人、审定人等。

(2)作业过程及技术方法：应包括变形测量作业依据的技术标准，项目技术设计或施测方案的技术变更情况，采用的仪器设备及其检校情况，基准点及观测点的标志及其分布情况，变形测量的周期观测时间等。

(3)成果精度统计及质量检验结果。

(4)变形测量过程中出现的变形异常和作业中发生的特殊情况等。

(5)变形分析的基本结论与建议。

(6)提交的成果清单。

(7)附图、附表等。

九、组织与实施

(1)组长要切实负责,合理安排,使每人都有练习的机会,不要单纯追求进度,组员之间应团结协作,密切配合,以确保综合实训任务顺利完成。

(2)实训过程中,应严格遵守《学生守则》中的有关规定。

(3)实训前要做好准备,随着综合实训进度,阅读教材的有关章节。

(4)每一项测量工作完成后,要及时计算、整理观测成果,原始数据、资料、成果应妥善保存,不得丢失。

十、上交的成果

(1)变形观测点布置示意图。

(2)变形观测数据采集原始手簿。

(3)建筑物变形曲线图。

(4)建筑物变形分析报告。

十一、任务安排

任务安排见表 26-7。

表 26-7 任务安排 单位:天

序号	内容	时间
1	实训动员、任务下达,事先指导,规范及指导书学习	0.5
2	仪器借用,仪器检验	0.5
3	变形观测点的布设	0.5
4	变形观测的野外数据采集	1.5
5	变形观测曲线图的绘制	0.5
6	变形观测资料的整编	0.5
7	变形观测报告的编写	0.5
8	技能测试	0.5
合计		5.0

十二、实训纪律

(1)在实训期间,要求遵守学校纪律,严禁私自外出游泳、上网、酗酒、打架等,切实保障人身、仪器安全。

(2)认真学习有关资料,独自完成实训内容,不得抄袭他人成果。

(3)一切听从指导教师的指挥,服从组长安排,相互配合。

(4)请假须经指导教师认可，报系办批准，否则按旷课处理，成绩为不及格。

十三、技能考核

(一)知识考核

(1)考核内容:建筑物变形控制网的布设要求、变形观测点的布设要求、变形数据的统计计算等。

(2)考核时间:40 分钟。

(二)技能考核

(1)考核内容:全站仪或 GPS-RTK 放样建筑物。

(2)考核时间:40 分钟。

(三)态度考核

1. 爱护仪器(30%)

发生以下问题之一者扣除其分值。

(1)领取仪器时不认真检查或不认真填写仪器履历表者。

(2)测量过程中不按操作规程操作仪器者。

(3)测量结束后不认真整理仪器者。

2. 团队协作(20%)

发生以下问题之一者扣除其分值。

(1)不主动承担任务者。

(2)工作中不能认真配合者。

(3)不服从指挥者。

(4)无故旷课者或迟到者。

3. 职业道德(50%)

发生以下问题之一者扣除其分值。

(1)篡改测量数据者。

(2)记录不规范者。

(3)成果不规范者。

(四)考核说明

(1)每人抽签决定抽查考核项目之一进行考核。

(2)考核过程中任何人不得提示，各人应独立完成仪器操作、记录、计算及校核工作。

(3)主考人有权随时检查是否符合操作规程及技术要求，但应相应折减所影响的时间。

(4)若有作弊行为，一经发现一律按零分处理，不得参加补考。

(5)考核前考生应准备好钢笔或圆珠笔、计算器，考核者应提前找好扶尺人。

(6)考核时间自架立仪器开始，至递交记录表为终止。

(7)考核仪器水准仪为精密水准仪，全站仪为 2″级全站仪。

(8)数据记录、计算及校核均填写在相应记录表中，记录表不可用橡皮擦修改，记录表以外的数据不作为考核结果。

十四、成绩评定

课程综合实训教学考核采用个人考核和小组考核相结合的方式进行，各实训项目考核采用小组实操考核的方式进行，各实训项目考核成绩按权重计入总成绩，小组考核占总成绩的60%，个人考核占总成绩的40%。

实践教学考核从思想品德与平时表现、知识技能两个方面考核，着重强调学生知识技能情况。

(一)小组考核

小组的思想品德与平时表现主要从热爱祖国、政治态度、道德认识、团队协作、奉公守法、工作态度、考勤及安全几方面考核，满分30分。由实训指导教师按严重问题、次严重问题和一般问题酌情扣分，直至0分。

小组知识技能成绩采用实操考核的方式进行，重点考查小组完成实训项目任务的质量和效率，满分70分。由指导教师按规定赋分评定。小组思想品德与平时表现成绩＋小组知识技能考核成绩＝课程实训考核小组成绩。

(二)个人考核

个人的思想品德与平时表现主要从热爱祖国、政治态度、道德认识、团队精神、奉公守法、工作态度、考勤及安全几方面考核，满分30分。由实训指导教师按严重问题、次严重问题和一般问题酌情扣分，直至0分。

个人知识技能成绩重点考查学生应知、应会情况，从知识要求、技能要求两方面考核，满分70分，其中，知识要求30分，技能要求40分。由指导教师按规定赋分评定。个人思想品德与平时表现成绩＋个人知识技能考核成绩＝课程实训考核个人成绩，并按所得分数确定等级。

综合小组考核成绩和个人考核成绩评定每位学生课程综合实训的总成绩，即课程实训考核小组成绩×0.60＋课程实训考核个人成绩×0.40＝课程综合实训个人总成绩，并按所得分数确定等级。经考核学生成绩可分为五个等级，即优、良、中、及格、不及格。

工程变形测量实训总结报告书

<table>
<tr><td>课程名称</td><td colspan="3">工程测量</td><td>综合训练
项目名称</td><td colspan="3">工程变形监测</td></tr>
<tr><td>工作任务</td><td colspan="3">1.沉降观测；
2. 倾斜观测</td><td>训练时间</td><td>1 周</td><td>任务性质</td><td>必修</td></tr>
<tr><td>班级</td><td></td><td>学生姓名</td><td></td><td>学习时段</td><td colspan="3">日　时　分～　日　时　分</td></tr>
</table>

1. 综合技能训练项目概述

（时间、场地、组织、仪器设备等情况）

2. 训练内容

（引用规范、技术要求；踏勘、变形控制网布设、施测、数据处理等）

3. 训练遇到的问题

（训练中出现的问题、解决办法）

续表

4. 训练评价 （从知识、技能和素质三方面进行评价）   5. 意见和建议